大同黄花文化研究

邹维娜　　张志国　　主编

中国财富出版社有限公司

图书在版编目（CIP）数据

大同黄花文化研究 / 邹维娜，张志国主编. —北京：中国财富出版社有限公司，2024. 5

ISBN 978-7-5047-8114-7

Ⅰ. ①大…　Ⅱ. ①邹…②张…　Ⅲ. ①萱草—文化研究—大同　Ⅳ. ① S682.1

中国国家版本馆 CIP 数据核字（2024）第 048042 号

策划编辑	郑欣怡 李 伟	**责任编辑**	郭逸亭	**版权编辑**	李 洋
责任印制	梁 凡	**责任校对**	张营营	**责任发行**	黄旭亮

出版发行 中国财富出版社有限公司

社　址	北京市丰台区南四环西路188号5区20楼	**邮政编码**	100070	
电　话	010-52227588 转 2098（发行部）	010-52227588 转 321（总编室）		
	010-52227566（24小时读者服务）	010-52227588 转 305（质检部）		
网　址	http: // www.cfpress.com.cn	**排　版**	宝蕾元	
经　销	新华书店	**印　刷**	宝蕾元仁浩（天津）印刷有限公司	
书　号	ISBN 978-7-5047-8114-7 / S · 0065			
开　本	880mm × 1230mm　1/32	**版　次**	2024 年 5 月第 1 版	
印　张	5.75	**印　次**	2024 年 5 月第 1 次印刷	
字　数	124千字	**定　价**	48.00 元	

编 委 会

主　编：邹维娜　张志国（上海应用技术大学）

副主编：曾建国（湖南农业大学）

　　　　宋　荣（湖南省农业环境生态研究所）

　　　　席志俊（大同市农业农村局）

参 编 人 员

湖南省农业环境生态研究所：朱校奇　周　利

　　　　　　　　　　　　　谢　进　孙梦姗

湖南农业大学：谢红旗　卿志星

大同市农业农村局：安一平　刘金剑　张　琼　于天富

　　　　　　　　　温艳斌　王永刚　葛志鹏　韩雨杉

　　　　　　　　　宋　欣

目 录

1 / 黄花文化历史   001

1.1　萱草的文化意蕴　005

1.2　萱草的审美特征　011

1.3　萱草文化的当代发展　018

1.4　大同黄花文化历史沿革　023

2 / 大同黄花的文化意蕴   031

2.1　大同黄花与民间艺术　033

2.2　大同黄花与农耕文化　038

2.3　大同黄花与乡土特产　045

2.4　大同黄花与趣闻逸事　052

3 / 大同黄花的文化创新   063

3.1　大同黄花的饮食文化创新　065

3.2 大同黄花在文化景观上的创新应用 074

3.3 大同黄花与旅游文化创新 084

3.4 大同黄花与艺术创作 099

4 / 大同黄花文化现状与评估分析 111

4.1 大同黄花文化现状 113

4.2 大同黄花文化评估分析 120

4.3 大同黄花文化发展的机遇与优势 130

5 / 大同黄花文化发展策略与建议 137

5.1 国内外花卉文化及花卉产业发展趋势及启示 139

5.2 大同黄花文化发展战略 155

5.3 大同黄花文化发展策略 159

5.4 大同黄花文化发展的建议 169

参考文献 173

后记 175

1

黄花文化历史

萱草是"中华母亲花"，黄花是中国原生的萱草属植物之一。萱草属不同种在文化上有同义性，承载着深厚的历史文化。大同黄花文化不仅有审美价值，更有坚实的社会基础和丰富的人文精神。本章先从中国古代萱草名称的沿革和种植栽培等方面分析萱草的文化意蕴，再从文学作品、画作源流、装饰美学和古典花艺、庭院造景等角度探析萱草的审美特征，从民俗、旅游、造景三个层面总结萱草文化的当代发展，最后聚焦大同黄花文化，梳理其文化发展历史沿革，分析其历史地位。

　　萱草是阿福花科萱草属植物的总称，而黄花是萱草属的植物之一。萱草自古以来被视为"中华母亲花"，有孝亲、爱家、报国、忘忧等文化内涵。在中国，萱草至今已有 3000 多年的栽培历史，是人们观赏、食用、药用、审美、寄情的对象。萱草观赏性高，花如百合叶如兰，被广泛应用于园林设计中。中国是萱草的故乡，是全球萱草属植物的自然分布中心。萱草属 14 个原生种中有 11 个分布于中国的大江南北，即黄花菜、北黄花菜、小黄花菜、北萱草、萱草、大苞萱草、多花萱草、西南萱草、折叶萱草、小萱草、矮萱草。在中国，萱草属的不同种在植物学分类上虽有区别，但在文化上有同义性。萱草属中的黄花菜与萱草两个种是重要的经济作物，其花经过蒸、晒，加工成干菜，即"黄花菜"或"金针菜"，是中国餐桌上的传统佳肴；根可以酿酒；叶可以造纸和编织草垫；花葶干后可以做纸煤和燃料。萱草因有耐瘠薄、抗寒、耐旱和少病虫害等强健特性，在环境较差的地方也能生长良好，具有固土护坡、防止水土流失的生态效应。

　　大同市作为中国黄花菜主要产地之一，逐渐形成了较为完善的黄花产业。2020 年 5 月，习近平总书记在大同市云州区有机黄花标准化种植基地视察时，强调黄花菜是大产业，有发展前途，一定要保护好、发展好这个产业，他高瞻远瞩地指出黄花菜产业是巩固脱贫攻坚、农民增收获益的良好途径。同时，习近平总书记对传统文化也十分重视。他曾在不同场合指出中华优秀传统文化的宝贵价值和独特作用，要求"推动中华优秀传统文化创造性转化、创新性发展，让中华文明的影响力、凝聚力、感召力更加充分地展示出来"。

1600多年以前北魏建都平城（今大同市）时期就开始种植黄花；明朝嘉靖年间广泛种植、食用黄花，距今已500多年。大同黄花和民间艺术相互融合，产生了丰富多样的艺术形式和艺术作品。大同劳动人民在黄花的种植、贸易流通、生产加工等方面积累了丰富的经验，形成了独特的农耕文化。品种丰富的黄花美食，既成为黄花产业的基础，也成为黄花文化进一步发展传播的土壤，包括饮食文化、文学艺术、民俗活动、文化景观、艺术作品等。"大同黄花"这一文化符号，不管是在过去漫长的历史中还是在当下，都散发着持久的、迷人的魅力。同时，黄花文化也在与时俱进，在新媒体语境下呈现出更加多姿多彩的面貌。

大同的黄花文化不是独立存在的，而是根植于中国传统文化和山西特色文化之中，不仅有审美价值，更有深厚的文化底蕴和复杂多元的人文基调。在新时代背景下，要对黄花文化进行新的诠释，让优秀传统文化在新时代焕发新生机，继而成为推动社会进步和文化发展的不竭动力。

1.1 萱草的文化意蕴

萱草作为中国传统的庭院花卉，在古代社会长期的历史发展中，积淀了丰富的文化意蕴，萱草文化逐渐融入人们的日常生活中。

1.1.1 萱草名称的历史沿革

萱草早在春秋时期就已为人们所熟知，《诗经》中出现了萱草现存最早的名称"諼（xuān）草"，后又简写为"谖草"。《诗经疏义》记载："北堂幽暗，可以种萱。"北堂为母亲的住所，萱草被引申出母亲、母爱的寓意。《博物志》又记载："萱草，食之令人好欢乐，忘忧思，故曰忘忧草。"东汉末年，萱草又被称为"宜男花"，曹植在《宜男花颂》中写道："草号宜男，既晔且贞。"至魏晋时期，"宜男花"的称呼更加普遍，西晋文学家夏侯湛和傅玄都有《宜男花赋》传世。南北朝时期"萱草"的称谓开始流行，南朝宋谢惠连的《塘上行》中有"芳萱秀陵阿，菲质不足营"的诗句。南朝梁任昉的《述异记》

中提到，萱草，一个名字叫"紫萱"，还有一个名字叫"忘忧草"。同时代的徐勉也在《萱草花赋》中写道："惟平章之萱草，欲忘忧而树之。"

至隋唐时期，各种典籍中已普遍使用"萱草"这一名称。《全唐诗》中以萱草为主要歌咏对象的诗有 80 余首，其中以"萱草"或"萱"为名称的就有 63 首。唐代徐坚所著《初学记》，系统地整理了唐代以前典籍中有关萱草的记录，名称多采用"萱草"。明代一些文人的笔记如《遵生八笺》《花史左编》将萱草称为"鹅脚花"，同时代的徐光启在所著的《农政全书》中还提到了萱草的另一个别名"川草花"，这个名称后人推测是因为"萱"和"川"发音较为相近。

1.1.2 萱草的文化内涵

萱草文化是人们在生产生活中日积月累形成的。人们对萱草的认识起初只局限于"一种草本植物"，后来发展到"可食用蔬菜类"，最后才提升到审美高度。萱草作为中国传统的庭院花卉，在古代社会长期的历史发展中，积淀了丰富的象征意义，萱草文化逐渐融入人们的日常生活中。萱草的文化价值主要有三：一为"忘忧"，二为"宜男"，三为"代母"。

（1）萱草"忘忧"

萱草有着优美舒展的叶子，花柄修长，花形如百合，颜色以黄色为主，也有紫色、红色；入药有消除忧烦的功效。这些是萱草可以消忧的生物基础。"忘忧"是萱草象征意义中最传统的一个，历代文学对此的歌咏数量众多。

关于萱草"忘忧"的记载最早来自《博物志》："萱草，食之令人好欢乐，忘忧思，故曰忘忧草。"《诗札》中亦载："自后人以谖草为萱草，遂起萱草忘忧之说。"从上述典籍中可见，古人早已知道萱草具有消忧的功效。文学上萱草"忘忧"的寓意在《诗经·伯兮》中也有体现，"焉得谖草，言树之背。愿言思伯，使我心痗"。妻子思念外出征战、久久未归的丈夫，只能寄希望于萱草，希望这忘忧之草能暂时消除心头的忧愁。这也是萱草"忘忧"之意最早的文学表现。从东汉起，萱草"忘忧"就已成为一个意义指向明确的惯用法。到魏晋时期，萱草"忘忧"已成为一种常识。

（2）萱草"宜男"

"宜男"是萱草又一个出现较早、较重要的文化寓意。古人对外物的关注往往是起于其实用价值，对萱草亦是如此。"宜男"一意，若追溯其源头，应与先民崇尚生殖的思想观念有关。

在魏晋时期，萱草"宜男"的寓意在诗文中已有体现，此后历代文人对"宜男"这一象征意义多有歌咏。但总体来看，这一寓意在六朝时期比较盛行。到唐宋以后，"宜男"在萱草寓意中虽始终存在，但已经逐渐弱化。

（3）萱草"代母"

萱草是中国的"母亲花"。在古典诗词中常有这样的词语：萱堂、萱亲、慈萱、北堂萱等，皆以萱草指代"母亲"。唐代孟郊的《游子》曰："萱草生堂阶，游子行天涯。慈亲倚堂门，不见萱草花。"这首诗就是以萱草指代母亲。

古人常对萱思母，将母亲称为萱亲，将其居处称萱堂。在宋代，以萱草指代母亲已成为诗人通用的写作手法。有学者初步统计，《全宋诗》中萱草意象共出现490处，其中用于指代母亲的，如"北堂萱""萱堂"等共有23处；《全宋词》则出现102处，其中用于指代母亲的共39处。

以萱草指代母亲这一文化内涵在明朝时期得到了进一步发展。当时，人们已开始更加强调忠孝观念，并逐渐将忠孝与萱草"代母"的寓意相结合。

1.1.3　萱草与生活

萱草可以用来观赏，也可以食用和药用。

宋代林洪在《山家清供》中介绍"忘忧齑"，即"春采（萱草）苗，汤焯过，以酱油、滴醋作为齑"。无独有偶，元代《三元参赞延寿书》也记载"萱草，一名忘忧，嫩时取以为蔬"，说明以萱草的嫩苗作为蔬食比较普遍。萱草花蕾成熟干制后，就是我们平时食用的黄花菜，营养丰富，是家常餐食中常见的食材。明代王象晋在《二如亭群芳谱》中描绘了萱草扣鸡的做法，提到类似黄花菜野生品种的"山萱"，味道比黄花菜更佳。

一些文献中提到萱草食用加工的方法。《野菜笺》中记载了与今天干制黄花菜流程相似的制法，可以去掉残留的有害物，方便长时间存放。《遵生八笺》《本草纲目》《二如亭群芳谱》《农政全书》均记载了黄花菜不同的食用方法。据《野菜博录》记载，明代末年，饥荒严重，自然灾害频发，可通过简单加工萱草来充饥。

萱草是常用中草药之一，茎、根、叶均可入药，其药用价值在古籍中早有记载。萱草对通身水肿、小便赤涩、大便后带血以及遍身黄疸等病都有显著疗效。窦汉卿在《疮疡经验全书》中附有传世秘方，是关于用萱草根治疗痈疽的。《本草纲目》中共有 7 处关于萱草药用的记载，《普济方》中则有 19 处。

1.1.4　萱草与农耕

中国古代流传下来一些萱草分类、栽培、种植方法。古代对萱草类别的划分比较多而且含混。晋代嵇含在《南方草木状》一书将其划分为两种：一为萱草，二为鹿葱。明代王象晋的《二如亭群芳谱》根据花时、花色和花味的不同特点，把萱草分为"春花""夏花""秋花"和"冬花"；又分为黄萱、红萱、白萱和紫萱。清代《广群芳谱》引《宋氏种植书》，称

"萱有三种，单瓣者可食，千瓣者食之杀人，惟色如蜜者香清叶嫩，可充高斋清供，又可作蔬食"。

萱草的适应性强，唐宋以后民间种植已十分普遍，中国南北各地均有栽培。古人对萱草的种植条件、生物学特性进行了观察和总结，并通过文学形式记载下来。嵇含《宜男花序》记载，萱草"多殖幽皋曲隰之侧，或华林玄圃"之中，强调了萱草种植对水分的要求。《陕西通志》记载萱草多生长在山坡地中，适应性极强，易于繁殖成活，种植范围极广。

萱草的种植方法在《农政全书》和《二如亭群芳谱》上均有记载。李时珍的《本草纲目》论述得较全面，不仅继承、总结了前人经验，而且亲自做了详细观察，记录了萱草的施肥方法。

1.2 萱草的审美特征

萱草作为中国古代备受推崇的草本植物之一，不仅有很高的食用价值，还如同梅兰竹菊一般，具有特别的审美特征。

1.2.1 "萱草"主题的文学作品

萱草承载了千百年来平民百姓与文人墨客的意志、情趣与理想，在文学的花园中占据一席之地。《诗经》中已有它的芳名，历代专咏萱草的诗词有几百首。

萱草自《诗经·伯兮》后进入文学视野，其文化内涵在后世得到了丰富和发展。尤其是在魏晋时期，文人咏萱草极为普遍，仅专题歌咏的文、赋就有4篇，包括曹植《宜男花颂》、嵇含《宜男花序》、傅玄《宜男花赋》、夏侯湛《宜男花赋》。曹植等文学大家对萱草的颂扬，是萱草文学得以高度发展的一个极大契机。在咏物赋兴起之初，这几篇萱草赋使人们开始在文学领域关注萱草及其文化内涵，还使萱草文化内涵得到了丰富，产生了几个分支。这些分支在唐宋文学中得到了扬弃与发展，并最终定形，仅保留下"忘忧"和"代母"这两重意义。

元明清时期，萱草的内涵在唐宋时期高度发展的基础上继续发展，但同时也逐渐走向了衰落。这一时期萱草仍然活跃在文学视野中，但多见于祝寿代语。此时，萱草的象征意义已经走向了概念化、符号化，这也意味着逐步走向了僵化。其内涵在前代的基础上并无新的拓展，相关文学作品的创作质量也未得到进一步提高。所以，虽然这一时期萱草相关作品在创作数量上是可观的，但其实际成就并不大。

1.2.2 "萱草"主题的画作

除了文学作品之外，萱草也常常出现在画作中。在不同时期的不同画作中，萱草承载的象征意义亦有所区别。萱草入画，最早见于唐末五代。据《宣和画谱》记载，晚唐画家刁光曾绘有《萱草百合图》，这大约是有记载的最早的一幅萱草图。从画作的名称来看，其主题应该与祝愿婚姻美满、子孙满堂有关。最初萱草在绘画中大多用以表示"宜男"，比如五代宫廷画家梅行思绘有《萱草鸡图》，另一位五代画家滕昌祐绘有《萱草兔图》，北宋赵昌绘有《萱草榴花图》，鸡、兔、石榴皆为多子的象征。到了元代，以萱草"代母"不但出现在诗文中，也出现在绘画中，刘善守所绘《萱蝶图》、王渊所绘《萱花白头翁图》均是以萱草代母。

明代理学的兴起，使得"忠孝节义"成了文学艺术的旨归。在这样的背景下，萱草作为母亲之喻，关乎孝道，自然备受关注。以萱花图作为贺礼，为自己或他人的母亲祝寿，这一做法在明代流行开来，尤其是在江南地区。吴门地区（今指苏州）的画家如沈周、文徵明、唐寅、陆治、陈淳等皆有数幅萱花图传世，有的单绘萱花一丛，有的将萱花和其他吉祥元素组合，如陈淳的《萱花寿石图》（见图 1-1）、沈周的《椿萱图》等。

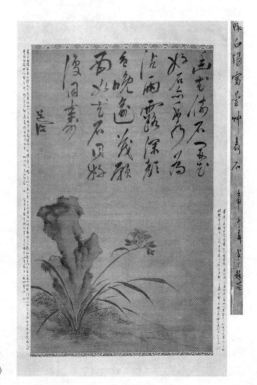

图 1-1 陈淳
《萱花寿石图》

现代花鸟画作中也有不少以萱草为主题的。王雪涛所绘《萱花蝴蝶图》是由一丛枝叶茂盛的萱草花和几只昆虫组成。萱草横斜而出，花枝傲立，花上的蝶平添生趣（见图1-2）。

图 1-2　王雪涛
《萱花蝴蝶图》

1.2.3　萱草古典花艺和庭院造景

萱草形态美观，在古代常被用作插花的花材。南宋宫廷画师李嵩的《花篮图（夏）》以及林洪《山家清事·插花法》中有"插牡丹、芍药及蜀葵、萱草之类，皆当烧枝则尽开"的描述，证明了萱草在宋代已经是较为常用的插花植物。《花篮图（夏）》中花篮内以盛放的蜀葵为主花，以萱草、栀子花、石榴花等夏季花卉为辅花，色彩艳丽，错落有致，竹篮编制精巧，体现了宋朝人的审美追求。

萱草适应能力强，审美价值高，是优秀的庭院植物。萱草在庭院中种植很少以单株出现，多丛植。萱草花丛的观赏价值在诗词中也有体现，如唐代诗人卢纶"萱草丛丛尔何物，等闲穿破绿莓苔"等。萱草也能够和多种植物进行搭配，形成庭院景观。石榴和萱草常共同种植在女性居住的后庭院处，不仅美观，而且寓意吉祥。宋代石孝友《眼儿媚·愁云淡淡雨潇潇》："一丛萱草，几竿修竹，数叶芭蕉。"萱草与修竹搭配，富有美感。杜甫《腊日》："侵陵雪色还萱草，漏泄春光有柳条。"山陵间的雪都消去露出了嫩绿的萱草，透过烂漫的春光，纤细的柳枝随风起舞。

1.2.4 萱草花纹的装饰美学

萱草作为中国的传统花卉，常因其有忘忧、宜男、代母的文化内涵，多以纹饰的形式出现在古代家具、瓷器、饰品等处。

中国古代家具的纹饰，体现了人们的审美偏好和对生活的憧憬向往。明清家具不少都采用萱草纹作为主题纹饰，借以表达忘忧的美好祝愿。例如，清紫檀萱草纹顶箱柜制作精细巧妙，刻画于正面的萱草纹，相依相傍，婉转盘绕，栩栩如生（见图1-3）。

图1-3　清　紫檀萱草纹顶箱柜

萱草纹除了刻画于家具，也用于瓷器纹饰。明成化时期的青花萱草纹宫盌（见图1-4）上的萱草纹饰刻画细致，内外各有连枝，蕊上花丝半隐半现，又伴以纤长飘逸的叶片，蜿蜒有致。精巧布局的图案，流动自然的线条，尽显工匠人的娴熟技艺。

图1-4 明 青花萱
草纹宫盌

中国的饰品艺术史相当久远，早在旧石器时代我们的祖先就开始用贝壳、石头、鸟骨等作为饰品装饰自己。随着文明的不断发展，饰品越来越精美，人们会将萱草纹雕刻在饰品上面，表达对美好生活的追求，如唐折枝团花纹银渣斗、明白玉萱草灵花佩、清乾隆白玉萱草花插等。

1.3 萱草文化的当代发展

　　萱草是中国历史悠久的传统名花，其文化意蕴深厚。作为中国传统花卉，从先秦时期开始，萱草就被赋予了一定的文化内涵，并逐渐与"忘忧"和"代母"相关联；传播形式也从文学扩展到绘画等艺术领域，展现了萱草作为"中华母亲花"的丰富内涵和强大影响力。当前，国家号召要对优秀传统文化进行创造性转化、创新性发展，萱草文化迎来了一个良好的传承与发展的契机。

1.3.1 萱草与民俗文化

　　民俗是一个民族、一个地区特有的风土民情，它是社会上长期形成的风尚、礼节和习惯的总和，也是一套由来已久的精神规范。

　　在萱草"忘忧""代母"等文化内涵不断传播的基础上，国内各地举办了丰富多彩的萱草民俗文化活动。例如，上海应用技术大学先后举办了多次"萱草文化节"，整理萱草传统文化资料和相关研究成果，提炼萱草在民俗、文化、艺术等方面的内涵，打造萱草花海、萱草大道、毕业典礼萱草景观，构建赏心悦目、人文底蕴深厚的萱草主题校园环境；以一系列的萱草文化展示深入社区、机关、校园，传播中华优秀传统文化。

1.3.2　萱草与旅游文化

萱草因其独有的文化内涵，在当代逐渐发展出与各地地理环境、社会需求相融合的旅游文化。

例如，莫干山忘忧花园（见图 1-5）位于浙江民宿聚集地，占地 4 万平方米，其中 1/3 作为萱草种植研究基地；现有萱草品类 77 种。忘忧花园是一片绚丽的萱草花海，为清幽隐逸的莫干山增添了鲜活的气息；里面种满了萱草花，采之即食，药食两用。忘忧花园还加强了内部景观和道路标识设计，

图 1-5　莫干山忘忧花园

力争打造萱草主题自然人文胜地。

上海市宝山区罗泾镇的母亲花文化园是宣传萱草文化的佳例（见图1-6）。母亲花文化园以"慈孝"为主题，占地面积3.4万平方米，园内栽种了100多种萱草。园区由萱草花海、花田温室、示范花田、萱草文化馆、景观花桥、林下花带、观光栈道、主题雕塑小品8个部分组成。母亲花文化园会在每年萱草花盛开的季节举办"慈孝"文化主题活动，在弘扬传统文化的同时，为乡村振兴提供产业支撑。

图1-6　母亲花文化园

1.3.3　萱草与造景文化

在城乡环境中，萱草外形美观，又具有独特的文化内涵，常被应用于园林造景。萱草造景是弘扬萱草文化的优秀载体，具有文化宣传、美学传播的作用。萱草专题展示、萱草专类园等形式能卓有成效地帮助市民、村民了解萱草的文化内涵，从而更好地宣传萱草文化。

　　萱草在园林中多丛植于花圃或列植于花径、阶缘，具有独特的美学价值。萱草花色丰富，花形美艳，群体花期在6月至8月，有的品种可持续开花至10月，开花时正值夏季少花季节，橙黄色的花朵与夏季大片浓绿的园林主色形成鲜明对比，大大增加了景观感染力，为园林增添了一抹亮色。不仅如此，萱草叶色翠绿，形似兰草，丛植开花时黄花点点，碧叶随风摇曳，给人以朝气蓬勃、心旷神怡之感。在校园中、在社区里，萱草造景还能起到育德育人作用。上海应用技术大学萱草植物园内（见图1-7），集中展示了学校选育的近百个新优萱

图1-7　上海应用技术大学萱草植物园

草品种，近万平方米的萱草竞相绽放，争奇斗艳。"中华母亲花"之美、新优品种之奇，以大地艺术的形式展现得淋漓尽致，为打造富有特色的校园文化品牌，树立敬亲孝老的社会风尚提供了有力支撑，是创新社会主义精神文明建设的有益探索。

1.4 大同黄花文化历史沿革

大同依托特殊的地理位置、气候和富锌富硒的火山土等条件，产出的黄花品质上佳。大同作为中国主要的黄花产地之一，较大规模种植黄花已有近 500 年历史，逐渐形成了较为独特的黄花文化，具有深厚的历史沉淀。例如，黄花与腊八节、剪纸、布艺相关联的民俗文化；黄花丰收节、旅游节等旅游文化；与黄花相关的电影、戏剧、话剧等文化作品；民间传说、逸闻趣事等，如"金针姑娘""黄花街""黄花菜与铁索桥"等民间故事，流传颇广，影响颇深。2020 年，大同市在原有市花丁香的基础上增选了黄花，黄花正式成为大同市新市花，成为大同文化的新名片。

1.4.1 大同黄花文化的发展历程

黄花与蘑菇、木耳并称为"素食三珍"，自古就有"莫道农家无宝玉，遍地黄花是金针"的赞美诗句。大同黄花产量多、品质好，以个大肉厚、嫩脆可口而著称。时至今日，大同种植黄花已有 1600 多年的历史。

（1）北魏时期开始种植黄花

早在 1600 多年以前北魏建都平城（大同）时期，人们就开始在平城种植黄花。一开始是将采凉山的野生黄花引入宫廷园林作观赏植物，后来才逐渐开始食用黄花。

（2）明朝嘉靖年间开始大面积种植黄花

大同地区广泛种植、食用黄花始于明朝嘉靖年间，距今已 500 多年。据传，明朝嘉靖年间的一个夏天，中药学家李时珍进行田野考察时，在靠近采凉山的聚乐堡稍事休息。当时，村子里的人正闹一种怪病，全身浮肿，四肢乏力，农忙季节却不能下地干活，村民都心急如焚。李时珍第二天上山采药，看到山上的野生萱草比他见过的其他品种都好。他摘了一朵尚未开放的黄花，放在嘴里慢慢咀嚼，认定这是上品黄花。于是，他采摘了一筐黄花，又挖了一筐这种黄花的根，回到村里熬成了汤，分发给各家各户的病人，让他们趁热服下。喝了汤后，这些人的病很快就好了。后来聚乐堡的人盖了一座药王庙，供奉李时珍的塑像，感激他的救命之恩。从此，黄花在大同一带开始广泛种植。在桑干河畔、御河之滨、采凉山以及六棱山一带，坡坡岭岭，沟沟畔畔，田埂地边，房前屋后，到处都是种植的黄花。

（3）明末清初黄花贸易得到发展

明末清初，大同黄花贸易得到空前发展。黄花菜不仅是皇家御用的滋补贡品，也是寻常百姓的家常便饭。在大同市区的大北门东北角有条南北走向的街，取名"黄花街"，那时这条街专门用来进行黄花产品的蒙汉贸易、通贡互市、市井交易，整条街全是黄花店铺，可见大同黄花贸易在当时已发展成熟。

清康熙中期后，伴随着旅蒙商贸的发展，大同作为重要的北方商贸城市，是商品的集散地，店铺林立、商贾云集、商贩往来不断。据《大同府志》记载，乾隆三十四年（1769年）大同城有布行、杂货行、干菜行、帽铺、皮行、缸行、当行和钱行。干菜行是大同特有的，专门贩卖以黄花、豆角、葫芦等制成的干制品，主要销往漠北地区。黄花菜被视为宴请宾客时席上的珍品和馈赠亲友的佳品，并作为珍品远销归化（今呼和浩特）、库伦（今蒙古国首都乌兰巴托）及俄罗斯的恰克图等地。

（4）中华人民共和国成立后黄花产业得以复兴

清朝末年至民国时期，特别是日本发动全面侵华战争后，由于连年战乱，大同黄花种植业遭到大面积破坏，黄花菜量少物稀，更为珍贵。直到中华人民共和国成立，黄花菜种植才得以恢复和发展。

20世纪五六十年代，人们多在田边地头、房前屋后种植黄花，用以农家自食，或由供销社收购。70 年代中期到 80 年代初，黄花菜生产踏上了一个新的起点。1975 年大同县（今大同市云州区）被确定为山西省黄花生产基地县，全县种植黄花达 1 万亩，年产黄花菜 1500 吨。大同"金菜"牌商标享誉国内外市场，通过香港"德新行"商行转销泰国、马来西亚、美国等地。1983 年获国家对外经济贸易部颁发的出口黄花菜荣誉证书。1981—1986 年，大同县出口黄花菜 364.4 吨，年平均出口 60.7 吨。

（5）近年来黄花产业得到大力发展

进入 21 世纪，云州区出现了黄花种植专业户、专业村、基地乡镇、龙头企业协作模式，逐步形成了"农户 + 合作社 + 基地 + 龙头企业"的产业格局。2006 年，"大同黄花"经国家工商行政管理总局（今国家市场监督管理总局）批准为地理标志商标，获得原产地地域保护。2011 年以来，云州区立足黄花产业优势，把黄花产业作为"一县一业"的主导产业和脱贫攻坚的支柱产业，从政策、资金、项目等方面给予扶持。2012 年，全区种植面积达到 5 万多亩，年产黄花菜（干制）5000 吨，年出口约 150 吨，销往日本等国家及东南亚、欧美等地区。到 2014 年种植面积达 8.5 万亩，2015 年种植面积达 10 万亩。至 2017 年春季，黄花种植已覆盖全区 10 个乡镇、58% 的行政村，总面积达到 12 万亩，黄花菜（干制）总产量 3.08 万吨，总产值达 5.7 亿元。全区有黄花种植专业村

92 个，1000 亩以上的黄花种植规模户 15 家，万亩以上的示范片 6 个，黄花专业合作社 95 家，黄花龙头加工企业 13 家。至 2019 年年底，黄花菜种植总面积已达 17 万亩，形成了 2 个万亩精品片区，建成 15 家龙头加工企业，成立 95 家黄花专业合作社，培育 30 家 300 亩以上的黄花种植大户，拥有 8 个国家级品牌，黄花产业的组织形式、科技研发、品牌打造、产品销售、龙头带动等各个环节都提升到了新的水平。目前，黄花菜种植总面积约 26.1 万亩，占全国黄花种植面积的 32.6%。大同黄花产业正向着规模化、智慧化、标准化种植，集约化加工，品牌化销售的现代农业发展方向大步迈进。

1.4.2　大同黄花的历史地位

黄花在大同市分布广泛，能够形成独特的自然生态景观，与大同市的文化、经济、社会发展密切相关。云州区因黄花而享有"黄花之乡"的盛名，大同黄花又因七蕊色黄、营养价值高、品质佳而被称为"七蕊黄花"。近年来，政府高度重视，加大了项目扶持和市场开拓力度，黄花菜种植已初步形成了"农户 + 合作社 + 基地 + 龙头企业"的产业格局，使片区每年有 5000 左右人口稳定脱贫致富。昔日的黄花菜，已成为大同新市花，今日农民增收的"摇钱草""金疙瘩"。2023 年，大同市获授"中国黄花之都"称号，"大同黄花"成为大同市的"金字招牌"和"城市名片"。

（1）大同市新市花

2020 年 6 月，大同市在原有市花丁香的基础上，增选黄花为市花。一般来说，市花的选择和当地自然和人文环境有着密切的关系。黄花被选为市花，一方面是基于气候环境条件，黄花极适宜在大同生长；另一方面则是由于黄花是当地居民喜爱的花卉，甚至成为当地居民生活中不可分割的一部分，对城市经济发展做出了重要贡献。从此，具有独特象征意义的"中华母亲花"成为大同市新市花。

（2）兴农"忘忧草"

黄花产业经过多年的艰难发展，成为大同人民脱贫致富的"摇钱草"。2020 年 5 月 11 日，习近平总书记亲赴大同市云州区有机黄花标准化种植基地考察，了解巩固脱贫攻坚成果工作情况。大同黄花闻名全国，但长期以来，因为种植黄花周期长、采摘期短、劳力不足、晾晒场地不够等，始终没有实现规模化。从中共中央打响脱贫攻坚战之后，政府为种植户提供了农业保险、技术指导、烘干设备购置等便利政策，黄花种植呈现井喷式发展。近年来，在龙头企业、合作社的引领下，黄花产量和品质稳定，销路和价格也有了保障，带动不少贫困户脱贫致富，真正成为特色农业的"金字招牌"。2017 年中国国际农产品交易会授予大同黄花"中国百强农产品区域公用品牌"，2021 年中国（山西）特色农产品交易博览会授予大同黄花"山西农产品区域公用品牌",大同黄花通过了绿色有机地理认证。

黄花作为兴农"忘忧草",助力乡村振兴,成为产业发展的动能,让百姓过上了幸福生活。大同以唐家堡村、坊城新村为代表的乡村推动"小黄花"发展成致富"大产业"。政府相关部门通过制定黄花系列标准、行业标准,挖掘利用黄花的药用价值,实现智慧化生产,带动当地农民稳定增收,越来越多的年轻人愿意回乡创业。随着乡村治理体系的完善和乡风文明建设的推进,乡村环境更加宜居,农民生活得更加安心、舒心。

（3）产业融合发展的"城市名片"

2021年起,大同黄花进入提质增效的新阶段,绿色有机标准化种植稳步推进,从种植端、加工端到销售端,建立起完整的产业链条,形成了利益共享、互相促进的可持续发展格局。迄今为止,已开发黄花菜品、普通食品、功能食品、饮品、化妆品、文创产品六大系列130余种。2023年7月,在以"中华母亲花 致富忘忧草"为主题的2023黄花产业发展大会暨第六届大同黄花丰收活动月开幕式上,中国蔬菜流通协会授予大同市"中国黄花之都"称号。《黄花产业发展白皮书》及大同黄花品牌新形象等一系列黄花产业成果的发布,展现了产业融合发展的美好前景。

2

大同黄花的文化意蕴

大同是历史文化名城，黄花文化早已融入当地人民的生活。大同独有的黄花文化与民间艺术、农耕文化、乡土特产、趣闻逸事相互交融，呈现多姿多彩的面貌，具有丰富的文化意蕴，形成了特有的风土民情。

2.1 大同黄花与民间艺术

　　黄花长期以来深受大同人民的喜爱，对大同民间艺术的发展做出了重要而独特的贡献。人们将黄花美丽的形象与大同结艺、铜器、剪纸等艺术形式相结合，赋予了黄花文化顽强的生命力。

2.1.1 黄花与大同结艺

　　大同结艺原称"盘扣""盘纽"，一扣一袢，可开可结，既寓和谐团结，又示不离不弃，主要功能是束住衣服。大同先民们最早是用带子或绳子束住衣服后打个结，北魏时契丹民族才开始用盘扣固定衣襟或装饰，直到北魏孝文帝迁都后，大同地区使用的盘扣才逐渐推广开来。后来，盘扣开始变得更加精美，工艺也越来越复杂，成了一种饰品。大同民间一直传承着制作盘扣的手艺，人们将自己手做的盘扣饰品作为礼物互相赠送。盘扣的种类有很多，如菊花扣、凤凰扣、三叶扣、花形扣等。近年来，在现代工艺的支撑下，盘扣逐渐衍化为多姿多彩的"大同结艺",代表着大同本土的民俗文化,作品更加丰富多彩,包含盘扣饰品、盘扣画、老大同瓜蛋儿(靠枕)、老大同祖腰(肚兜)、五毒耳枕、布包等。2012年大同结艺入选大同市第三批非物质文化遗产保护项目名录,2017年大同结艺成为省级非遗项目。

大同黄花这一美丽的文化符号也成为大同结艺的创作对象。黄花胸针以一朵盛开的黄花为主要设计形象(见图2-1),以精美的结艺为表现形式,体现了大同文化特色,将大同黄花与结艺相融合,表达了人们对美的追求。

图2-1　黄花胸针

2.1.2　黄花与大同铜器

大同铜器是汉族传统工艺品,历史悠久,工艺精湛,早在北魏时期就享有盛名。唐宋以来,大同铜器已畅销全国,至今民间还流传着"五台山上拜佛，大同城里买铜"的俚语。北魏时期，大同有了铜铸的释迦佛像。辽代西京（今大同市）军工匠人能制炮、弩等武器。元初在大同炼铜的冶户多达760家。到了明清，铜器深入生活的各个方面，如铜制的武器、容器、生产工具、生活用品、装饰品应有尽有，大同院巷被称为"铜匠一条街"，百米长的街道开设有几十个铜匠铺，聚集着上百名能工巧匠。

大同铜火锅是大同铜器的代表作品，由底盘、锅身、火座、铜盖、火筒和小盖六部分组成，在底盘、锅身、锅盖和小盖上，分别刻有不同的图案，而大同黄花作为当地特色花卉，也被刻画在上面（见图2-2）。其生产工序为成型、铸造、焊接、镀锡里、錾花、抛光、组装等。大同铜火锅造型美观、工艺精巧、经久耐用，具有浓厚的民族特色和地方特色，深受顾

图 2-2 大同铜火锅与黄花元素

客的喜爱。1973 年，周恩来总理陪同法国总统蓬皮杜来大同访问时，将雕有"九龙奋月"图案的铜火锅作为礼品赠送给了蓬皮杜总统。

2.1.3　黄花与广灵剪纸

大同广灵县有一种独特的民间艺术形式——剪纸，明清时期已经盛行。作为中国民间剪纸三大流派之一的广灵剪纸，以独特的风格、艳丽的色彩、生动的造型和细腻的刀法自成一派。2008 年，广灵剪纸被列入国家级非物质文化遗产保护名录；2009 年，广灵剪纸作为中国剪纸的部分申报项目被联合国教科文组织列入《人类非物质文化遗产代表作名录》；2010年 5 月，广灵剪纸被评为山西省十大文化品牌。广灵剪纸文化底蕴深厚，以刀刻为主，以剪裁为辅，将阴刻与阳刻结合，刀法细腻，艺术风格鲜明，刻画的形象生动传神；用料与染色考究，包装制作精细，在世界剪纸艺术长廊中独树一帜。

广灵剪纸在当地俗称"窗花"，大部分出自不知名的农民艺术家之手，作品取材于花鸟鱼虫、瓜果菜粮、戏剧脸谱、神话传说、现代人物、自然风貌、旅游景观、劳动生活场景等。这些作品色彩绚丽，构图饱满，造型生动，纤巧里显纯朴，浑厚中透细腻，有着浓郁的乡土气息。每年一进腊月，许多剪纸艺人就扛上贴满剪纸的"亮子"（贴剪纸的框架），到街市去卖剪纸。此时，街市犹如剪纸展览会一般，游人可以大饱眼福，尽情享受艺术的魅力。

　　大同黄花生长在广袤的田野中，既可以食用也可以将其挪到堂前屋后作为点缀，在乡村生活中扮演了重要的角色。因而，黄花的形象早已渗透到广灵剪纸中了。而剪纸细腻的刀法、流畅的线条也非常适宜用来刻画大同黄花这样一种生动质朴的艺术形象。许多以大同黄花为题材或元素的剪纸作品被创作出来，美丽的黄花跃然纸上，灵秀动人（见图 2-3）。

图 2-3　广灵剪纸与黄花形象

2.2　大同黄花与农耕文化

大同黄花种植广泛，且深受人们喜爱，大同地区逐渐形成了有特色的黄花农耕文化。大同的黄花农耕文化从古至今不断发展，时至今日，仍富有生命力。

大同市云州区黄花种植历史悠久，品种及品质优良。大同黄花有三大优点：一是颜色鲜黄，干净无霉，金光灿烂；二是角长肉厚，线条粗壮，颀长整齐；三是油性大，脆嫩清口，久煮不烂。因此，大同黄花为素食上品，受外商欢迎，成为山西省外贸骨干商品之一。

黄花菜是素食珍品，钙、磷、铁含量很高，具有一定的保健功效。大同黄花多生长在大同火山群下，独特的地理位置、气候和土壤条件使大同黄花的品质更优良。1992年大同黄花菜在首届中国农业博览会参展，1993年荣获山西省首届农业博览会金质奖，2001年又被国家评为优质产品，2003年通过了国家绿色食品认证，畅销海内外。

2.2.1　黄花传统种植与保鲜

古人早就总结出了黄花的物候规律及种植与保鲜方法。关于黄花的物候规律，《本草纲目》上就记载："五月抽茎开花，六出四垂，朝开暮蔫。至秋深乃尽……"在种植繁育方面，明代《农政全书》记载："春间芽生移栽。栽宜稀，一年自稠密矣。"在明代，人们已经掌握了黄花菜的保鲜方法，《遵生八笺·饮馔服食笺·中卷》上记载："凡花菜采来，洗净，滚汤焯起，速入水漂一时，然后取起榨干，拌料供食。其色青翠，不变如生，且又脆嫩不烂，更多风味，家菜亦如此法。"在古代，人们用自己的智慧将黄花制成一道道佳肴，发展出了丰富的饮食文化，不少黄花食法流传至今，影响深远。

大同种植黄花有悠久的历史。500多年前，明朝嘉靖年间大同地区广泛种植、食用黄花。顺治九年（1652年）《云中郡志》卷四《食货志》物产中有"萱草"条目，距今300余年。乾隆四十六年（1781年）《大同府志》卷七《风土》所附"物产"里有"萱花"条目，距今200余年。

大同种植黄花具有得天独厚的优势，大同火山群土壤中含有多种矿物质，适宜黄花生长。同时，大同黄花产区远离城市地带及污染源，空气质量良好，丰富优质的水源提供了良好的灌溉条件。大同地区的劳动人民数百年来精耕细作，积累了不少生产经验，为优质黄花生产创造了良好的先决条件，发展

出了具有大同本土特色的农耕文化。

2.2.2　黄花贸易流通

大同在明代和清代就形成了较有规模的黄花贸易流通体系。明代，大同作为茶马贸易路上的中转站，工商业较为繁荣，老百姓经常在市场上用黄花来交换其他商品。当时，大同的代王府盛行黄花入宴，将黄花作为贡品送入京城，朝廷也把黄花作为重要的出口商品销往东南亚。明末清初，大同黄花的贸易流通得到较大发展。基于蒙汉贸易、通贡互市、市井交易，黄花店铺拉成了一条长街，而"黄花街"的地名也沿用至今。

2.2.3　黄花生产经验

大同地区有着悠久的黄花种植历史，在黄花生产方面总结出了适宜该地区的经验，包括种植、采收、加工与储藏。

（1）黄花种植

黄花是多年生草本植物，具有适应性强、经济收益高的特点。民间主要通过分株繁殖的方式获取种苗。黄花在分株后的 2~5 年达到丰产期，之后由于种苗分蘖过多，株丛郁闭，产量有所降低。生长 5~7 年的老苗通过分株方式获得新的种苗，之后将新苗以 2~3 株为一丛栽植于新地（见图2-4）。

①整地、施肥。黄花菜对土壤要求不高，轻壤、沙壤均可种植。深翻土壤有利于根系生长，翻后要耧平、打埂、修渠、作畦，施足基肥。

②种植方法。选好秧苗，除旺苗期、采摘期外均可种植，一般以春、秋两季为佳。适当浅栽，有利于提早进入盛产期。

③田间管理。早春大地解冻后春苗刚露出地面，应进行第一次中耕除草，此后结合浇水施肥多次进行中耕，保持土壤疏松无杂草。科学施肥，少施催苗肥，重施催穗肥，巧施催蕾肥，轻施保蕾肥。出苗后至抽穗前，水必须浇足。

图 2-4 大同黄花的垄间状态

（2）大同黄花采收、加工与储藏

黄花菜由黄花花蕾干制加工而成。要提高黄花菜的品质，除选用优良品种外，更重要的是要把好黄花菜的采收和加工关（见图2-5）。

①采收。大同黄花一般大暑前后开始采摘，整个采收期

图 2-5　采收后待加工的黄花鲜蕾

约为 40 天。一般是在午夜以后至早晨采收当日即将开花的花蕾。农户如果种植面积不大，则自家采收；如果种植面积较大，在采花量巨大的情况下，会雇用人员采收。黄花采收以花蕾发育饱满、含苞未放、花蕾中部色泽金黄、两端呈绿色、顶端紫点褪去时为最好。采收时要避免碰伤花茎和小花，从茎梗和花蕾交接处进行断离。每一株应自上而下、由外向里逐一采收。

　　②蒸制。采收的花蕾要及时蒸制，以蒸汽热烫为最佳。将采下的花蕾分层轻轻放在蒸笼内，保持疏松状态，1 平方米的蒸筛装鲜蕾 10 千克左右，然后将蒸筛放在烧开的沸水锅上，加盖盖严。蒸笼中部温度达 70℃后，保持 10~15 分钟。最初5 分钟要大火猛烧，以后用文火，以便将黄花菜全部蒸熟。一般以颜色由原来的鲜黄绿色变为黄色，手捏略带绵软，呈半熟状态，体积约减少 1/2 时出锅为宜。

　　③烘晒。蒸好后的黄花不能马上曝晒，要摊晾自然散热。干燥时如用晒制法，就将黄花取出摊在席上曝晒，当晒到表面稍白色有结皮时，翻到另一席上再晒，在天气良好的情况下，

只需晒 2~3 天就可干燥。若遇连续的阴天，最好用人工干制的设备，如各种形式的烘房。

④储藏。将晒干或烘烤好的黄花菜放在大木箱中回软，使黄花菜的含水量达到 15% 左右，以手握不易折断、松开能恢复弹性为准。干制的黄花菜含糖量高，易吸湿发霉变质，要妥善保存。大量的可用双丝麻袋包装，少量的可储存在塑料袋、缸或坛内，然后放在干燥阴凉处。

2.2.4　黄花变成"致富花"

当代大同黄花的种植早已实现机械化、标准化、智慧化，种植效率大大提高。在从前，黄花的采摘常饱受劳力不足、晾晒场地不足等问题困扰。随着新型黄花辅助采收机的投入使用，黄花采摘上的困难在相当大的程度上得到缓解。近年来，大同黄花生产、加工、制作等产业已经成为当地农民增加收入、脱贫致富的好渠道。在大同，一朵小小的黄花已经从曾经的"种得难"，变为人人"争着种"的致富花，并成功打造了"大同黄花"优秀品牌，在全国范围内推广。大同市云州区黄花种植面积不断扩增，呈现出由小到大、由零星分散向规模化、连片化，由单纯种植、人工晾晒向标准化种植、工厂化烘干加工、线上线下销售跃升的强劲态势，成为调整产业结构、建设美丽乡村的持续动能。黄花产业是大同人民增收致富的特色产业，黄花产业的成功为山西省乃至国内其他地区在强农兴农方面指明方向。

从古至今，黄花作为大同地区的特色农产品出现在老百姓的餐桌上，成为老百姓日常生产生活的重要组成部分。与此同时，大同黄花产业的发展也促进了农民的增收，带来一定的经济效益，农民种植黄花的积极性越来越高，大同黄花文化的影响力也越来越大。例如，2018 年大同好粮·京东云州首届农民丰收节在大同市云州区举办，活动开幕式以"三晋三农·三敬天下"为主线，设立"敬天佑农、敬地恭耕、敬农礼贤"三个板块，围绕"敬农"开展了一系列活动。这次活动，以文艺表演的形式把"大同好粮"——黄花的农耕文化和人文风情展现无遗，既是对丰收的喝彩、对劳动的歌颂，也是对云州黄花农家最真挚的祝福，对五谷丰登和国泰民安的盛世礼赞。

2.3　大同黄花与乡土特产

　　大同黄花作为大同的特产，多次荣获全国农博会金奖，是中国百强农产品区域公用品牌。其主产区云州区是国家农业标准化示范区、出口质量安全示范区和绿色食品基地，2019年成功入选中国特色农产品优势区名单，同时入选全国第二批产业扶贫典型范例。长期以来，大同人民不断探索黄花的保存和食用方法，以黄花为原料制成各种乡土特产，如黄花菜、黄花饼、黄花酱等。这些物产不仅可以作为食物，带给人们幸福，还蕴含着乡土、乡愁、乡情，形成了特色的地域文化。

（1）黄花菜

　　"三黄二白"是大同的名产，即大同的黄花、浑源的黄芪、天镇的"里外黄"山药蛋，以及广灵的白麻、阳高的圆白菜。黄花在当地因特殊的地理环境和自然气候，成为一种高价值的特色农产品，具有角长、肉厚、油大、脆嫩、清口、味美等特点。

　　大同黄花主产区光照充足，无霜期长，昼夜温差大，能够育成高品质的黄花。大同"七蕊黄花"以条直肉厚、七蕊金黄等特点著称，含有人体所需的氨基酸，钙、磷、铁、硒等多种矿物质含量很高，营养丰富。近年来，随着种植和加工技术的提高，通过适时采摘、人工蒸煮、自然干燥，黄花菜成为天然绿色食品（见图2-6）。

图2-6 大同"七蕊黄花"制成的黄花菜

大同黄花行销全国甚至世界各地，不仅给人们带来了优秀的食材，也传播了黄花背后的传统文化，让人们感受到晋北大地的丰饶与美丽，大同人民的勤劳与质朴。

（2）黄花饼

黄花饼是黄花产业链上开出的一朵奇特美丽的花，为黄花深加工产业开拓出一片崭新天地。大同人民参考相关传说、翻阅相关古籍，将黄花与现代烘焙工艺相结合，制成黄花饼，使人们在品尝食品的过程中，感悟黄花背后的传统文化（见图2-7）。现在，黄花饼已逐渐成为游客必买的地方特产之一，正所谓南有鲜花饼，北有黄花饼。

图 2-7 大同"黄花
忘忧饼"

除了黄花饼，大同的一些创新企业正积极推出黄花月饼、黄花面包、黄花素饼等一系列新产品，成为"大同好粮"的优秀代表（见图 2-8）。尤其值得一提的是黄花素饼，得到了素食人群的喜爱，既传播了大同黄花文化，又丰富了素食文化。黄花饼的面世带动黄花走向全国，促进农民增收，为大同乡土特产再添多彩一笔。

图 2-8 黄花饼系列产品

（3）黄花酱

黄花酱制作时将黄花、蘑菇、黄豆酱、豆豉和花生研碎烹制，制成的黄花酱香味浓郁，拌饭、拌面很方便，炒饭、炒菜味更香，是佐餐、烹饪的良选（见图2-9）。黄花酱作为传统食物，近年来吸引一些企业的关注，它们根据消费者需求，研发了多种口味，始终坚持天然、营养、味美的生产原则，保证产品绿色健康。在直播带货的热潮下，黄花酱也被搬上了电商平台，销量可观，向广大网友展示了大同黄花特产与时俱进的魅力，进一步助力大同黄花拓宽销路，扩大影响力。

图2-9　黄花酱

（4）黄花茶、酒等饮品

大同黄花特产中不仅有黄花制成的各种食物，还有黄花茶、酒等丰富的饮品。黄花茶以黄花的新鲜花蕾为原材料，应用岩茶制作工艺制作而成，汤色清亮，滋味回甘（见图2-10）。

图2-10　黄花茶

大同地区出产的黄花酒，有一股清淡的黄花香味，入口柔和、甘甜，酒香芬芳，具有一定的养生功效。"忘忧露"就是一款养生型露酒（见图2-11），采用了清香型白酒的酿造工艺。李时珍在《本草纲目》中认为黄花有利尿、健胃的功能，所以黄花饮品也成为健康的象征，如黄花牛奶（见图2-12）、黄花饮料（见图2-13）。

图 2-11　黄花酒

图 2-12　黄花牛奶

图 2-13　黄花饮料

传统的黄花特产不仅在生产工艺、产品种类上有了极大的拓展，在应用场景上也不断创新，如今还成为"文化＋"的具象展示。第六届山西文博会大同展厅摆满了各种黄花特产，"文化＋康养""文化＋农业""文化＋科技"的图文展示让人深刻感受到黄花文化的魅力。

2.4 大同黄花与趣闻逸事

大同作为文化底蕴丰厚的古老名城，有着悠久的历史。大同黄花在历史长河的积淀中也慢慢衍生出不少趣闻逸事，为这座充满魅力的城市增添了独特的韵味。

（1）"黄花街"的由来

大同大北门东北角有条南北走向的街，它与操场城东街、雁同东路、玄冬门东街相交，拐弯通向站东大街，被命名为"黄花街"。

"黄花街"的诞生不仅仅与大同土特产品黄花菜有关，还与一个传说故事有关。据说，明朝末年，大同县倍加造村种植的黄花正处于繁盛时期，后来打仗了，黄花遭到了践踏和毁坏。看到此景，当地有个名叫"金针"的姑娘感到十分痛惜，于是战乱后就精心照料仅存的黄花。慢慢地，黄花又恢复了繁盛。

连续的战乱彻底平息之后，众多老百姓在"金针"姑娘的带动下，开始种植黄花，黄花得以广泛种植。由于黄花适应性强，且对土壤条件要求不高，所以村子里到处都种满了黄花。到了黄花丰收的季节，片片黄花就汇成了金色的海洋，"金针"姑娘每日不到黎明便起床，踏着晨露，要抢在花蕾盛开之前将其采摘下来，把鲜黄花及时加工，制成干菜，然后背去集市卖。

后来，随着黄花种植越来越广泛，收成也不断提高，"金针"姑娘便在城内搭棚开了一家黄花菜店。她将刚采摘的黄花用开水烫过后，调以麻酱、蒜泥、老陈醋制成小菜，鲜香爽口，不久后便成为有名的山乡风味小菜，吸引了众多顾客。黄花可以烧、炒、炖、蒸、油炸，尤其和木耳配在一起，色泽、味道十分协调。作为辅菜，黄花配猪肉、配鸡肉、配鸡蛋做汤无不相宜，所以，没过多久黄花便供不应求。

与此同时，许多商贩也看出了名堂，争相改做黄花菜生意，一时间，黄花菜店铺拉成了一条长街。"金针"姑娘售卖的黄花菜质量最佳，茎粗叶茂，花蕾肥厚，远近闻名。因此，人们把"金针"姑娘卖的黄花菜称为"金针菜"，把"金针"姑娘售卖黄花菜的这条街命名为"金针街"。那时，每家店铺都在邻街路面或屋顶上晒黄花菜，一些有钱人家常来这条街买黄花菜，或食用或药用。后来，政府去其俗称，将这条街更名为"黄花街"。如今，仍有一些人称黄花菜为"金针菜"。

这条黄花街不仅传承了黄花的饮食文化，让老百姓知道黄花的功效和历史；还为大同黄花产业的发展奠定了基础。如今黄花产业的腾飞不是平地起高楼，地基下面是传承已久的黄花饮食文化。

（2）"黄花塔"的故事

在大同的边上有座高山，山顶平坦，山坡较缓，漫山遍野生长着野生黄花。古人说这是王母娘娘的黄花园，就给这座山起了个优美的名字：黄花塔。

古时，山下住着一位勤劳的老妇人，以卖金针菜为生，大家都叫她"黄花婆婆"。处暑是采收黄花的时节，也是黄花婆婆最忙碌的季节。她每天早出晚归采黄花，晾晒金针菜，日复一日，靠卖金针菜养活她的独生儿子——同子，又给他娶妻，帮助他成家，她把兴家立业的希望全部寄托在同子身上。但她对同子过于溺爱，给他养成了好逸恶劳的恶习。

岁月无情，黄花婆婆日渐衰老，不能上山采黄花来养活儿子、媳妇，于是同子夫妇对这个"吃闲饭"的母亲越发不满，黄花婆婆只好在他们的虐待中苟且偷生。这年腊月，黄花婆婆卧床不起，病情日益加重。腊月初七那天，天寒地冻、北风怒吼、大雪纷飞，不孝的儿子和儿媳竟然丧尽天良，把风烛残年、奄奄一息的老母亲抬到牛槽子里。可怜的黄花婆婆一生勤劳爱子，就这样佝偻着身子、散乱着头发，在冰天雪地里冻死了。当天夜里，同子做了个怪梦，梦中王母娘娘对他说："冻死你娘天有眼，腊月初八早晨黄花梁拜塔修行脱罪孽。"醒后，同子心烦意乱，坐卧不安，没想到虐待母亲的事已被天知，这是神仙梦中点化，不可不信。

第二天清晨，风雪更猛，天更加寒冷，同子步履蹒跚地爬到黄花梁上拜塔修行，幻想着能解除其罪孽。天将黑时，大雪铺天盖地，同子媳妇听见门外一声撕心裂肺的呐喊，推门一看，丈夫僵死在门前，向前伸着只剩两根指头的手，面无人色。她见此惨景一声怪叫，从此吓疯了，到处疯跑。风雪停住后，邻居们把同子和他母亲葬在了黄花塔脚下。

当地家长教育孩子时，常常说起这个故事，还念叨着悲剧结尾的几句话：同子修行腊月八，清晨上了黄花塔。雪打孽子天不容，十个指头剩下俩。在这个故事中，当大同的百姓把最美好、最朴素的愿望寄托在黄花身上时，黄花就成为正义的象征，对作恶的人进行惩罚。

（3）黄花菜与铁索桥的故事

很久以前，乌龙峡北岸上住着一对夫妇，丈夫名为金金，妻子名为珍珍，他们每天要从桑干河的铁索桥上经过，到南山上采集药材。夫妇俩既善良又勤快，经常义务为贫困的乡亲们治病，从不收一文钱。有一天，夫妇俩上山采药，遇到一位神仙，神仙早就知道这对夫妇心地善良，便给了他俩许多的金银，又语重心长地说："这一带今年有洪水灾害，必然会让许多人患病，拿这些钱去买药给穷人治病吧！"这件事很快传到了住在附近的一个地主的耳朵里，于是他带着一群打手来抢金银。夫妇俩得知后，趁夜就带着金银往深山里跑。地主和打手们眼看就要追上了，夫妇俩正好跑到了铁索桥边，丈夫对妻子说："我们就是死，也绝不能让金银落在这帮人手里。"说完就用力把妻子推上桥，让她去桥对面的村子躲避，自己却举着一把砍柴刀，与打手在桥上打斗，一连砍倒了三四个打手。地主急红了眼，举起鸟枪朝金金射击，一颗子弹打中了他的肩膀。地主正准备活捉他，突然桥下的桑干河涛声如雷，上游的洪水以排山倒海之势冲了下来，顷刻之间漫过了铁索桥。金金用尽全身的力气顺势举刀一砍，铁索桥当下断成两截，地主和剩下的打手同时掉进了河里，被洪水卷走了。珍珍跑到村里把金银分给了贫苦的农民，并嘱咐他们把钱藏好。这时，丈夫从桥上掉进河水里，与地主同归于尽的噩耗传来，悲痛的珍珍昏昏沉沉来到断桥墩上，呼唤着丈夫的名字，哭了三天三夜，可只能听见桑干河水的声音，听不到丈夫的回答。珍珍控制不了思念丈夫的悲痛之情，便一头扎进桑干河里。第二年仲夏时节，在断桥两岸的山坡地上，生长出一簇簇金黄色的花朵。百姓们看见这种花就想起这对夫妇，为了纪念他们，就把这种花取名为"金针"。

（4）放牛娃与黄花姑娘的故事

大同有闻名天下的黄花，还有一条闻名天下的大河——桑干河。桑干河流经朔州市、大同市，至阳高县尉家小堡村进入河北省境内。其下游常遭洪水之患，因而常改变河道，故原俗称无定河。17 世纪末，在采取广泛的防洪措施之后，下游始称永定河，注入官厅水库后流入海河。

桑干河边有一种黄花，人们叫"金针花"，每到夏天就开成黄黄的一片，十分好看。有个放牛娃叫阿牛，天天在桑干河边放牛。他有一支竹笛，能吹出动人的笛声。有一年春天，从很远的地方来了个小姑娘叫黄花，她天天在河里打鱼，有一副好嗓子，能唱很多好听的歌。

桑干河边有一块大青石，阿牛喜欢坐在青石上面吹笛子，黄花姑娘累了就上岸来休息，伴随着笛声唱起一支支动人的歌。渐渐地，两人走得越来越近。阿牛为黄花姑娘叉鱼，黄花姑娘心灵手巧，常为阿牛缝补衣裳。两人就这样相爱了，伴随着花开花落，他们渐渐长成了小伙子和大姑娘。

又到一年夏天黄花绽开的时候，黄花姑娘来到大青石边。她含泪告诉阿牛，她的父亲是农民起义军的将领，现在朝廷的官兵已经发现了他们，很快就要来追捕他们，她不得不和父亲离开。于是，他们两个人约定，等到来年黄花绽开的时候，在桑干河边相见。

黄花姑娘走后，阿牛日日在河边等，在大青石上盼。日复一日，年复一年，河边的黄花开了又谢，谢了又开，可是黄花姑娘再也没有回来。阿牛孤独郁闷，每天坐在大青石上，吹出悠悠的笛声，诉说着离愁别恨。

桑干河边黄花开，竹笛歌声动地哀，黄花开了千百次，黄花妹缘何不归来？时至今日，每当夏天到来的时候，仍有很多小伙子和大姑娘到桑干河边找大青石、摘黄花，讲述这个动人的故事。人们说，桑干河畔的每一朵黄花都是一个坚贞不渝的少年，每两朵黄花都是一对相依相偎的浪漫恋人。

（5）羲和女神的故事

黄花这种集观赏与食用等价值于一体的植物，其由来有多种传闻，民间有人认为黄花只有仙家才有，人间是没有的。这种说法来源于一个与太阳女神羲和有关的传说。羲和是十个太阳的母亲，她诞生于比"后羿射日"还要古老的时代。

远古时期，浩渺的东海上有三座仙岛，分别是蓬莱岛、瀛洲岛和方丈岛。每座岛上都有一种宝物，分别是这三座岛上的镇岛之宝。方丈岛上的宝物是忘忧草，它能使人忘掉一切忧愁和烦恼，永远快快乐乐；蓬莱岛上的宝物是长寿菊，人们得到它，就能延年益寿，长生不老；瀛洲岛上的宝物是太阳花，它能给人们带来爱情和幸福。如果同时得到这三种宝物，就能永远快乐幸福。但是，每座岛上的仙草都有守护神严加看管，不准仙草的种子播撒到人间。

有一年，人间暴发瘟疫，百姓死亡无数，没有良药可医，到处人心惶惶。这件事被羲和女神听闻，她决定帮助黎民百姓渡过难关。她知道要解救凡间苍生，必须到这三座仙岛上取得宝物。但是这仙岛上的守护神都武功高强，只能智取，不能硬来。于是，羲和针对三个守护神的特点，用汤谷水分别泡制了后悔药、梦死酒和忘情水，换来了三种宝物，从此人间长出了忘忧草、长寿菊和太阳花，百姓躲过了这次灭顶之灾。

（6）陈胜与黄花菜的故事

相传，大泽乡起义前，陈胜家境十分贫困，因为家中无米下锅，不得不出去讨饭度日，加之营养缺乏，他患了浮肿症，全身胀痛难忍。

有一天，陈胜讨饭到一户姓黄的母女家。黄婆婆是个软心肠的人，她看见陈胜的可怜模样，便让他进屋，并给他蒸了三大碗黄花菜。这对当时的陈胜来说，不亚于山珍海味。只见他狼吞虎咽，不一会儿三大碗全吃完了。几天后，全身浮肿便消退了。陈胜十分感谢黄家母女，并表示今后会报答她们。

大泽乡起义后，陈胜称王，他没有忘记黄家母女，为感谢黄家母女的恩情，便将她们请进宫里。陈胜每天摆酒设宴，但那些美酒佳肴都引不起他的食欲。突然，陈胜想起了当年黄花菜的美味，便请黄婆婆再蒸一碗给他吃。黄婆婆采来了一些黄花，亲自蒸好送给陈胜。陈胜端起饭碗，只尝一口，竟难以下咽，连说："怎么回事？味道不如当年了，这可太奇怪了。"黄婆婆说："实际没什么可奇怪的，这真是饥饿之时黄花香，吃惯酒肉黄花苦啊！"一席话，羞得陈胜跪倒在地连连下拜。黄婆婆连连说："使不得！使不得！"她忙把陈胜扶起来。从此，陈胜将黄家母女留在宫中，专门做黄花菜给他吃，以便时常回忆那段苦日子，鞭策自己。

（7）秋生和金花的故事

相传，很久以前有一对情人，男名为秋生，女名为金花。已到谈婚论嫁的年龄，双方经过三媒六聘，订了终身。按照当地风俗，拟定于八月十五办婚事。青梅竹马的二人都在急切地盼着这一天早早到来。两家人也在欢天喜地地为婚事做准备。秋生的父亲在给他即将过门的儿媳妇准备彩礼时发现缺少一个金簪子，于是他赶紧披上一件衣服，打算出门采买。谁知他刚迈出大门槛，空中突然电闪雷鸣，随即落下一个金簪子，这让老人喜出望外，有天合人意之幸。

八月十五很快就到了，金花打扮得漂亮极了。在送亲队伍中，她就如同一朵盛开的玫瑰，所有人都在为这个美丽的新娘子送去祝福。迎亲的唢呐吹吹打打，一顶花轿抬着新娘，眼看就到秋生家门口了，正好撞上隔壁村的恶霸刘财主。刘财主早就听说过金花十分美貌，只是一直未曾见过，这次他一眼相中了金花，最后竟然硬抢。可怜的金花苦苦哀求，秋生也不顾一切地帮助金花挣脱，无奈力不从心，被刘财主手下的人打得昏了过去。金花被刘财主抢去后，任刘财主想尽办法，拿好吃的、好喝的、绫罗绸缎、金银首饰相送，金花也宁愿饿着、冷着，誓死不从，甚至抓破了刘财主的脸。恼羞成怒的刘财主，吩咐下人棍棒相加，活活打死了可怜的金花。金花死后，秋生悲恸欲绝。父子俩忍痛把尸体搬回家，为她换上新衣、梳好头、别好金簪，埋在了秋生家的地头。

痴情的秋生，日日守候在坟前，嘴里念叨着金花的名字，泪水渗湿了黄土，终于有一日昏倒在金花的坟头。轻风，吹拂着坟头的青草，吹醒了秋生。秋生惊奇地看到，金花的墓前，竟长出了一片金灿灿的黄花，像一枚枚金色的簪子，秋生便把这些黄花移种在了院子和田头，以解心中的哀思。

传说，这个金簪子就是王母娘娘赐给金花的结婚礼物。无论是哪一种幻化，皆是人们对忠贞爱情的向往。

3
大同黄花的文化创新

黄花产业的发展促进了大同经济、文化的发展。黄花文化的创新，也必然对大同地区的饮食文化、景观文化、旅游文化、艺术创作等产生巨大影响。不断发展着的黄花文化丰富了人们的精神世界，对促进精神文明建设具有重要意义。

3.1 大同黄花的饮食文化创新

　　大同黄花的饮食文化创新主要表现在两个方面：一方面是如黄花宴等极具特色的美食不断涌现，契合了文化旅游的资源特点和不断变化的市场需求；另一方面是广大群众在传统食法的基础上对黄花家常菜进行更新迭代，体现出具有烟火气的生活之美。

3.1.1　黄花宴

　　大同黄花宴相关活动从 2020 年开始举办，主要是当地餐企在菜品上进行不断的研发和创新。黄花宴的宗旨是尝试使黄花在菜品中由辅料变为主料，充分发挥黄花形美、味香的优势，引领黄花食法新风尚，让黄花特色菜逐步融入人们的日常生活中，进一步扩大"大同黄花"品牌的影响力。

　　从历届黄花宴活动来看，内容不断创新。2021 年 7 月开幕的大同市首届黄花菜品美食大赛以"清凉古都　消夏大同"为主题，秘制忘忧鸡、私房蘸汁脆肚、龙虾翡翠黄花、脆皮什锦黄花卷、黄花养生虾丸、忘忧百花酥等一道道别具特色、色彩鲜艳、造型美观的黄花菜品一亮相，就引起人们的欢呼和赞叹（见图3-1）。

图 3-1　黄花宴的丰富菜品

2022 年 7 月举办的山西大同黄花菜品美食大赛展上有 500 余道黄花创新菜品，给人们带来了一场舌尖上的"味蕾盛宴"。人们在刀削面、烧卖等大同传统美食的基础上进行创新，如黄花素什锦刀削面将黄花与传统美食相融合。黄绿色的鲜黄花、碧绿的葱花，浇在筋道爽滑的刀削面上，色香味俱佳（见图3-2）。削面师傅还现场表演了老大同传统刀削面的技法，展

图 3-2　黄花素什锦刀削面

示了"一叶落锅一叶飘，一叶离面又出刀"的精湛技艺。鲜黄花作为主角，让老大同刀削面别有风味。还有黄花馅百花烧卖，人们将黄花加入馅料中，使得这款融入了"忘忧"元素的传统名吃别有一番风味（见图3-3）。

图3-3　黄花馅百花烧卖

　　参展菜品造型美观、味道鲜美。在人们越来越重视健康的大趋势下，黄花作为绝佳的素食也被加以利用。比如，金瓜六月鲜就是以鲜黄花套上竹荪蒸制，配以小南瓜盅的百合、白果等，是一道营养丰富、造型美观的精美素菜（见图3-4）。除此之外，其他菜品如翡翠黄花（见图3-5）、黄花丽人、金玉满堂、忘忧黄花鸡、黄花魔方等，每一道都令人赏心悦目，每一道都充满着大同餐饮人的智慧和情怀。黄花甜点，其馅料以黄花为主，外皮酥脆，馅料清甜，入口后黄花的香甜味萦绕舌尖（见图3-6）；"荷塘月色"，将鲜黄花酿入皮蛋之中，不仅好看，还营造出极美的意境；八宝黄花龙眼肉，将黄花融入传统的甜饭中，再加入桂圆肉，使之口味丰富，层次分明；尚品御泉的"鱼跃龙门"，其中"龙门"用黄花精制而成，将"鱼"与"黄花"融合。

图3-5　翡翠黄花

图3-4　金瓜六月鲜　　　　　　　图3-6　黄花甜点

大同黄花宴不仅以形美味美的食物打动人，更以极强的创造力和精湛的手艺独树一帜。大同的名厨通过黄花宴改变了传统干黄花处理烦琐、食谱单一的现状，优化了黄花菜品，丰富了黄花菜谱，普及了黄花文化。

3.1.2　家常黄花美食

近年来，大同人民在黄花传统吃法的基础上创造出更加丰富的家常菜菜式。这些家常黄花美食营养健康，也更适合当代人的生活方式，引发了大众对黄花饮食文化的关注。大同黄花颜色鲜黄，角长肉厚，脆嫩利口。每年农历六月，桑干河边，六棱山下，美丽的黄花随风飘动，煞是好看。黎明时分人们就来到田里，赶在黄花开放之前采摘。刚采下的黄花鲜嫩可口，趁其新鲜，用温水烫一下，调上芝麻酱、蒜泥、陈醋、食盐，回味无穷。鲜黄花也可炒食，是家庭餐桌上常见的菜品。绝大部分采下来的花蕾要上笼蒸熟，晾干，宴席上往往与木耳并用，称"金针木耳"，吃时将金针泡涨洗净，既可炒肉，又可做汤，特别清香。

大同人爱吃面，打卤面的卤里通常也少不了黄花，似乎没有黄花就缺少了那么点儿味道。制作卤的时候，先将香菇、黄花、木耳洗净，用热水浸泡发开，泡香菇的水不要倒掉，滤出后备用；锅中放葱段、姜片、水，将五花肉放入其中煮熟，煮熟后切薄片，香菇也切片；另起锅，将香菇片、肉片、黄花、木耳一起放入锅中，加入肉汤和泡香菇的水炖20分钟；再加盐、鸡精、老抽调味后勾芡；最后加入打散的鸡蛋，关火，倒入盆中。吃的时候将卤浇在煮好的面条上即可（见图3-7）。

除了面食，有的人家还把黄花加入米饭中，如黄花菌菇焖饭（见图3-8）。黄花菜需冷水泡发一小时，然后清洗干净，

图 3-7　黄花打卤面

图 3-8　黄花菌菇焖饭

挤干水分备用；将大米放入锅中开始蒸煮，将口蘑切片，香菇剁碎，黄花菜切段；煮饭中途在饭上撒一些口蘑片、香菇碎、玉米粒，盖一层黄花菜，并加入少许生抽、清水、盐；待米饭完全熟透后即可出锅。

　　做酸辣汤时，干黄花是非常重要的，它能够让汤的口感更佳（见图 3-9）。需要准备的食材有金针菇、干黄花、紫菜、豆腐等，然后用足量的醋和胡椒粉进行调味。这样做出来的汤

图 3-9　酸辣汤

酸辣可口，也很有营养价值。

凉拌黄花菜是大同人夏季的家常菜（见图3-10）。天气炎热时，人们在没有食欲的时候总喜欢吃一些凉拌食物，而用黄花这种食材制作凉拌菜就非常可口。做法很简单，首先选取鲜黄花焯烫一下，或者将干黄花泡发，在沸水中煮一下，然后加入香油、蒜泥及醋、盐等调味。做好的凉拌黄花菜生津止渴，十分开胃。

黄花炒菜有很多种简便的做法，如黄花炒蛋和黄花木耳炒肉丝，都是分分钟能够出锅的快手菜。黄花炒蛋要先将干黄花用热水泡软，泡好后反复清洗几次，攥干水分备用；鸡蛋打散，锅中放入热油，下入鸡蛋，成形后盛出来。锅中留少许底油，下入已经泡好攥干水分的黄花菜，煸炒几下；加入鸡蛋和葱花翻炒几下后，加入生抽、盐，炒至熟透即可（见图3-11）。黄花木耳炒肉丝的材料主要用到黄花菜、木耳、猪肉。猪肉切丝，用生抽、盐等腌渍备用；将干黄花、木耳泡软

图3-10 凉拌黄花菜

后焯水；锅中放油，待油温升高，放入猪肉划炒变色，放入泡好的黄花和木耳，一起翻炒均匀，调味后，用水淀粉勾芡即成（见图3-12）。

　　黄花在家常炖菜里面也常会用到，在很多人的印象里，黄花的味道就是"家"的味道。有一位网文作者写道："将暴晒得干干爽爽的黄花菜水发之后，放入红烧肉中咕嘟，红烧肉吸纳了黄花的香之后，愈加醇香可口，夹一节两节针管状的黄花条儿，观之油亮透明，细嚼慢品，鲜美爽滑，耐口生津。小时候，我就爱吃母亲做的黄花炖肉，我总是挑那一节节吸纳了肉汁儿而饱胀开来的黄花菜吃，满口都是家乡的味道，母亲的

图3-11　黄花炒蛋

图3-12　黄花木耳炒肉丝

味道。"黄花菜炖肉一般主料用黄花菜和五花肉，辅料用到香菇。肉切小块，充分翻炒至变色后加入料酒，再加泡发好的香菇、黄花菜及调味料，加水后盖上锅盖，炖 1 小时即成（见图 3-13）。

图 3-13　黄花菜炖肉

3.2 大同黄花在文化景观上的创新应用

城市文化景观与人文社会相互关联。在大同，人们置身于有特色的黄花景观环境中，感知自然的风景，玩味其中的意境。因此，黄花相关的植物造景和人文布景，可结合鲜明的自然地貌特点和人文历史特色，建设有时代感、地域特征的文化景观。近年来，依托黄花的文化内涵与黄花产业的乡土文化资源，大同市充分挖掘黄花景观的潜质资源，打造了一批城市景观、公园绿地景观、园区景观等，形成了系列文化景观，进一步凸显了大同黄花在城乡空间中的独特地位与价值。

2020 年大同市增选黄花为大同市市花，符合大同市地域特点、城市文化、人文特色和市民意愿，对于丰富城市景观文化内涵、提升城市品位、塑造城市形象具有十分重要的意义。黄花与文化景观的融合，使大同的城乡风貌更具特色，让大同更具魅力。

3.2.1　大同古城的黄花景观

大同古城是中国朝代更迭与历史演变的见证者，拥有弥足珍贵的历史文化遗产和文化旅游资源，是大同向外界展示的重要窗口。大同城筑邑历史悠久，早在作为北魏拓跋氏都城的时候，就修筑有规模宏大的城池。现有的大同古城是明代洪武五年（1372 年）在历代旧城遗存上增筑而成的。

2008 年起，大同市全面实施历史文化复兴与古城保护工程，使大同古城重现当年雄姿与风采。大同古城包括古城墙、护城河、城内文物建筑、古民居及传统街巷，城墙内面积约 3 平方千米。城内的文物古迹数量众多，包括华严寺、善化寺、关帝庙、九龙壁等。大同古城略呈方形，东西长 1.8 千米，南北长 1.82 千米，周长 7.24 千米，面积约 3.28 平方千米，是国内现存较为完整的一座古代城垣建筑。在距城墙约 40 米处修有宽 10 米、深 5 米护城河，河两岸是带状绿地。

在大同古城东城墙、南城墙带状绿地，南城墙西南（永泰西门西）护城河带状绿地等区域，均有大片黄花种植，形成了一定规模的园林景观，让人们在游览大同古城墙的同时欣赏大同黄花，了解黄花文化（见图 3-14）。黄花叶宽苗高，植株肥壮，花色淡黄鲜亮，常片植于城墙护城河岸边，形成地被花境。黄花盛开时节景观效果独特而壮观，尤其是东城墙，花大、花多，甚是喜人。在城墙西南角护城河内

图3-14 大同古城的黄花景观

侧，以带状大片种植了黄花，配以油松、山杏、白沙蒿、铺地柏等植物，观花效果极好。在北城墙武定东门西护城河外侧，黄花丛植于稀疏林地，与八宝景天、三七景天、秋英等草本植物组成混合花丛。在北城墙武定门东护城河外侧，黄花点缀于山石之间，配以丁香、水栒子等，形成独特的植物景观。在西城墙护城河外侧西南角，黄花密植于三角形花池，线性丛植于石阶两旁，景观风雅别致。

善化寺位于大同古城内南寺街6号，始建于唐开元年间，称开元寺，明代予以修缮，明正统十年（1445年）更名为善化寺。善化寺建筑高低错落，主次分明，左右对称，是中国现存规模最大、最为完整的辽金时期建筑。善化寺建筑古朴，庭院幽深，黄花点缀在台阶下、庭院里、花坛中，成丛成排种植（见图3-15），那秀丽的风姿、娇艳的花色，与雄浑古朴的建筑风格形成鲜明的对比，让人在瞻仰古刹的同时，领略大同的自然风貌。

图 3-15　大同善化寺庭院中的黄花

3.2.2　观赏黄花的最佳路线——忘忧大道

忘忧大道是大同市云州区新建的一条集休闲农业、观光旅游于一体的旅游道路，距离大同市区约 15 千米。忘忧大道西起云州街，东至昊天寺脚下，途经路家庄、唐家堡、下榆涧、下高庄、贺店 5 个村庄，全长约 14 千米，包括黄花主题公园、黄花观景平台、眺望台、黄花主题广场、黄花交易市场、驿站以及黄花栈道等景观节点，是一条体现大同黄花文化特色的景观大道。忘忧大道的标志性景观是一座由绿叶和金色黄花搭建的创意彩门，造型非常醒目。忘忧大道的名称，让人不禁想起嵇康《养生论》中的"合欢蠲忿，萱草忘忧"，也表达了希望每一名来游玩的游客都能忘记忧愁、尽兴而归的愿望（见图 3-16）。

图 3-16　忘忧大道

3.2.3　唐家堡黄花主题公园

　　唐家堡黄花主题公园（见图 3-17）位于云州区西坪镇唐家堡村，是云州区打造的一处集黄花观赏、采摘旅游于一体的小型田园旅游景点。每年花开时节，园内金灿灿的千亩黄花尽收眼底，非常壮观。园内还开辟了几块专供游人采摘黄花的体验区域，并设置了骑马项目；游客还可在迂回曲折的木栈道畅游，寻找最佳拍照位置。

　　在公园入口处有一组铜制人物像，人物像基座正前方镌刻着"母亲花"金色大字。"母亲花"基座上，一位身着古装的母亲，神态安详，怀中抱着的小男孩正伸出双臂扑向手持黄花、梳抓髻的小女孩（见图 3-18）。这座雕塑勾勒了母亲和孩子之间的温馨画面，母亲从容恬淡，孩子们欢欣快乐。小女孩手中所持的那一朵黄花就是点题之花，象征着中华民族真挚深沉的母爱。旁边是一本打开的书籍，上书唐代诗人孟郊的《游

图 3-17　唐家堡黄花主题公园

图 3-18　"母亲花"和人物雕塑

子》诗句："萱草生堂阶，游子行天涯。慈亲倚堂门，不见萱草花。"雕塑的形态和内容，让人抚今追昔，有情景交融之感。

　　公园还有一处景墙，是古建筑门头的形式，上面刻写着"萱堂"（见图3-19）。《诗经疏义》称："北堂幽暗，可以种萱。""北堂"是古代妇女居住的地方，即代表"母亲"。当游子要远行时，就会先在北堂前种萱草，花开之时母亲可以借赏花来减轻思念之苦，忘却烦忧。北宋诗人叶梦得以"萱堂"代指老母，有"白发萱堂上，孩儿更共怀"的诗句。这一处景墙取"萱堂"之意，让人把黄花和其古代文化内涵联系起来。墙上嵌着一副对联"所喜无喧哗，堂前萱草花"，出自元代诗人王冕的诗："今朝风日好，堂前萱草花。持杯为母寿，所喜无喧哗。"描绘了温馨闲适的场景。

图 3-19 "萱堂"景观

3.2.4 昊天寺黄花胜景

昊天寺（见图 3-20）位于大同古城城东的昊天山（大同火山群之一峰）上，建在火山沉积岩形成的土坪上。其选地绝妙，诚如碑文所称："庙貌巍巍，粲然可观，神威赫赫，严然足畏。"远望昊天寺，寺庙孤高耸立在云雾之中，若隐若现。当地有"昊天寺离天二指半"之说，是云州一景。

昊天寺是观赏周边景观的绝妙之地，站在昊天寺内，远望四野，山峦起伏，黄花遍地，周围火山群尽收眼底，黄花文化景观、火山群地质景观和宗教文化景观交相辉映（见图 3-21）。

图 3-20 昊天寺

图 3-21 大同火山群地质景观与黄花景观

3.2.5 大同市御河生态林东岸黄花景观

大同市御河生态林东岸（见图 3-22），总面积有 186 万平方米，其黄花景观特色十分突出。生态林像一片碧绿的织锦镶嵌在御河边，林缘、河边种植着大片美丽的黄花，吸引着游客观赏。黄花与万寿菊、鸡冠花、景天、千屈菜等花卉搭配，相映成趣，风景如画，让人流连忘返。

图 3-22　大同市御河生态林东岸

3.2.6 十里河森林公园黄花景观

十里河森林公园位于大同市南环路以西，马营路以东，占地面积 58.9 万平方米。每年花季，黄花给公园增添了一抹亮丽的色彩。柳树下大片的黄花静静开放，株形优雅，花色清新脱俗，花蕊散发着若有若无的清香，给游客带来绝佳的观赏和游憩体验。

3.2.7　桑干河国家湿地公园黄花景观

桑干河国家湿地公园位于大同市云州区峰峪乡。峰峪历史记载为"凤羽"，传说中凤凰曾在此地留下羽毛。这里山清水秀、人杰地灵，为吉祥宝地。桑干河国家湿地公园是山西省稀有的沼泽湿地，是重要的鸟类栖息地。盛夏时节，公园内黄花遍野，美不胜收，黄花是桑干河湿地公园中一道美丽的风景（见图3-23）。大片黄花盛开如海，生机勃勃，游客们在此领略自然美景，沐浴着黄花的芳香，享受惬意时光。

图3-23　桑干河国家湿地公园

3.3 大同黄花与旅游文化创新

　　大同市把黄花的文化内涵与田园风光、黄花产业、乡土文化资源结合起来，推进农业与生态旅游、文化康养等深度融合，大力发展休闲观光、养生养老、创意农业、农耕体验、乡村手工艺等产业，打造以"黄花＋"为内核的旅游文化体系。当前，火山天路、忘忧大道、忘忧农场、旅游小镇等景点，与大同火山群国家地质公园、西坪国家沙漠公园、桑干河国家湿地公园连成一线，形成山水田林湖的美丽景观。

3.3.1　大同黄花与乡村旅游

　　大同乡村以山水秀丽、生态环境优美、民俗风情浓郁、旅游资源丰富等著称。近年来，随着与黄花美景和黄花文化的深度结合，大同乡村旅游更具魅力。

（1）黄花小镇

　　大同黄花小镇位于素有"黄花之乡"美誉的云州区西坪

镇，也是习近平总书记 2020 年来山西考察时的首站。黄花小镇是一个集农业、文化产业、旅游产业于一体的田园综合体，以当地特色的黄花种植产业为基础，以黄花文化为主题，以现代健康生活为理念，促进"现代农业、文旅产业、美丽乡居"三位一体融合发展。黄花小镇种植的大田一望无垠，田间点缀的"黄花"雕塑与绿油油的黄花畦垄相互衬托，呈现出一派生机勃勃的景象（见图 3-24）。

图 3-24　黄花大田中的"黄花"雕塑

黄花小镇以忘忧大道为主线，串联忘忧农场、火山天路等沿线精品旅游景点，推出以"黄花"为主的系列体验活动和教育活动，推动多产业联动发展。配套的民宿及民族手工艺品、特色餐饮、农特产品等商铺，让游客在游园赏景之余多层次地体验到乡村田园的休闲慢生活（见图 3-25）。游玩中，游客可进行观、赏、游、尝、品等，还能参与黄花小镇推出的"忘忧仙子"评选大赛、黄花产业创新发展研讨会、"忘忧花海"主题摄影书画大赛等丰富多彩的系列活动。

图 3-25　黄花小镇的田园风貌

（2）忘忧农场

忘忧农场位于大同市云州区坨坊村，实行"半农半 X"模式，即"1/2 农民 +1/2 专长"，通过发挥职业农民的专长，利用乡村各类物质与非物质资源优势，采用"旅游 +""生态 +"等模式，推进农业、林业与旅游、教育、文化、康养等产业深度融合，依托农村绿水青山、田园风光、乡土文化等资源，大力发展休闲度假、旅游观光、养生养老、创意农业、农耕体验、乡村手工艺等产业，使之成为繁荣农村、富裕农民的新兴支柱产业。

忘忧农场以黄花别称"忘忧草"中的"忘忧"二字为名，以黄花产业为核心，将乡村旅游和农村新产业相结合，是集农产品种植、生物科技开发、文旅康养等于一体的一二三产业融合发展的新型农业产业项目。每逢周末和节假日，农场中骑行、打卡、露营、研学的人络绎不绝。农场内种植大同"七蕊黄花"约 50 万平方米，由 30 位返乡创业青年精心培育，他们依靠火山脚下富含微量元素的优质土壤和充足的日照时长，种植出许多优质黄花品种。农场内占地 3600 平方米的车间，为产品研发和生产提供了有力支持，生产出了许多黄花主题的文创产品及相关食品、化妆品、保健品等。具有不同功能的研学教室，以及活字印刷、丝网印刷、忘忧陶艺、豆工坊等趣味室内项目，既可以益智娱乐，也可以用来进行科普教育（见图 3-26）。

图 3-26　忘忧农场的黄花研学基地

（3）黄花基地

大同市云州区黄花基地不仅是黄花的生产区，还是黄花文化和艺术的"中心辐射地"。这里的游客络绎不绝，已经成为网红打卡地。人们在观赏黄花和户外踏青之际，还可以走进周边的黄花生产加工基地，近距离观摩黄花的加工过程。黄花盛开之际，人们走向田间，打卡、拍照，感知黄花的自然灵动之美（见图 3-27）。

图 3-27　大同黄花基地

大同市文化和旅游局组织三大戏曲专业院团，在黄花基地内精心编排了一系列文艺节目，用艺术的形式，为"小黄花大产业"助力加油，推进文旅融合，助力乡村振兴。演出舞台设在有机黄花标准化种植基地的空地上、田间木栈道和木凉亭前，方便游客近距离观看（见图 3-28）。

黄花基地中还有中国黄花馆，是一座有特色的标志性建筑（见图 3-29）。这里常年设有大同特色农产品展览，展品是丰富的黄花相关的产品，有黄花脆、黄花酱、黄花雪糕、黄花烧麦等食品，也有黄花酒、黄花牛奶等饮品，还有黄花面膜等

图 3-28 黄花基地中的演出舞台

图 3-29 中国黄花馆

护肤品，让人眼前一亮。也展出一些影像作品，如《大同黄花》品牌形象片，让参观者更了解大同黄花文化。

3.3.2 大同黄花与主题活动

近年来，在促进精神文明建设和产业发展的综合目标下，大同举办了诸多精彩纷呈的活动，推动了黄花文化的传播。通过举办这些主题活动，黄花的文化形象在当地老百姓心中更加亲切鲜活，人们更了解了黄花文化，并引以为傲；同时，黄花文化也逐步走出大同，走向全国，让更多人认识了"大同黄花"品牌，扩大了消费市场。

（1）大同黄花丰收活动月

从 2018 年起，大同市政府在每年黄花丰收之际举办大同黄花丰收活动月活动，以进一步宣传和打响"大同黄花"品牌、推动黄花文化和产业不断做大做强。在大同黄花丰收活动月期间，会举办黄花采摘消费扶贫季、百家媒体望云州采风、大同黄花主题摄影书画展、大同特色农产品文化艺术展、黄花产业发展论坛、黄花特色旅游线路体验营销、大同特色农产品文化艺术展等一系列丰富多彩的活动。此外，在大同黄花丰收活动月的活动现场，《致富黄花分外香》《幸福大同》《大同好粮》等文艺表演也相继进行，表演以歌曲和舞蹈的形式展现大同的黄花文化以及近年来在黄花产业助力大同脱贫攻坚、提升当地民众的生活幸福感上所取得的成就。

在 2020 年大同黄花丰收活动月启动仪式上宣布黄花为大同市市花。2021 年大同市创新活动形式，在黄花丰收活动月期间开展"1+5+N"系列主题活动，融入了黄花采摘、黄花市集开市仪式、"黄花进北京，鲜花献奥运"直播、乡村振兴研究院揭牌仪式、"萱草忘忧　天下大同"学术论坛等多项内容，起到了良好的宣传效果。

2021 年大同黄花丰收活动月以"庆丰收，听党话，感党恩，跟党走"为主题，邀请了众多企业参加线上销售会，具有地方特色的各种黄花农产品纷纷闪亮登场，进一步展现了黄花产业发展潜能。

2022 年的大同黄花丰收活动月以"花开忘忧，富民增收"为主题，举办产业发展论坛、美食大赛、忘忧音乐节、产销对接、房车露营、摄影大赛、美术大赛、骑游大赛等一系列黄花"农文旅"融合活动。比如，忘忧音乐节通过乡村民谣带动人流深入黄花盛开的田间地头，嗅着花香，听着音乐，深度体验"忘忧生活"。"忘忧营地"结合学生暑期游、夏令营、研学游，布局打造黄花观赏、黄花市集、星空帐篷等丰富的体验平台，探索黄花"农文旅"融合发展新模式。

2023 年大同黄花丰收活动月以"中华母亲花　致富忘忧草"为主题，多形态、立体式展示大同黄花丰收的美景。启幕时召开了 2023 黄花产业发展大会，会上发布了大同黄花标准体系、黄花品种国际登录及大同黄花系列产品，展示了大同市黄花产业发展的新成果。大会还发布了《黄花产业发展白皮书》和大同黄花品牌新形象，会上，中国蔬菜流通协会授予大同市"中国黄花之都"称号。同期还组织了许多活动，精彩纷呈，大同市与上海应用技术大学共同主办了中国（上海）萱草文化节；联合央视农业农村频道录制《乡村大舞台》节目；举办各种农事体验活动，包括参观黄花基地、体验黄花采摘等。在大同黄花丰收活动月中，借助自媒体影响力，全网多渠道直播，围绕"清凉夏都"话黄花文化访谈活动，对黄花文化、黄花产业发展和黄花的观、食、用进行全面解读，让更多人体味黄花独特的文化魅力。在文瀛湖生态公园举办的"花开忘忧，生活幸福"现场插花雅集主题活动（以下简称"插花雅集"）颇具特色，50个参赛团队利用主办方提供的鲜黄花材料，设计出了一组组赏心悦目的黄花主题插花作品，并进行花艺作品介绍。活动以插花这种追求美好生活的艺术形式，从美学的角度感染人，激发群众对黄花和生活的热情。插花雅集使用的主花材就是大同土生土长的黄花，在插花创作中，每朵花、每片叶都被赋予了丰富的情感和浪漫的诗意（见图3-30）。

图 3-30　插花雅集中的黄花花艺作品

（2）大同黄花风光摄影展

大同云州区通过举办黄花风光摄影展，综合展示大同黄花影像之美，展示云州黄花产业发展历程和自然生态美景，展现广大人民群众安居乐业、幸福祥和的新气象、新风貌，受到观展者的一致好评。在活动中，众多摄影家和摄影爱好者纷纷奔赴大同的农村、工厂、景区、种植基地等地进行采风，踊跃为摄影展提供高质量作品，他们既是参与者又是宣传员。除了拍摄黄花，他们还发现云州的山药花、油菜花、向日葵、高粱等接续开放，欣赏到了不一样的田园风光，配合上森林、河道、村落、火山群等景观，获得了丰富多元的行摄体验。此外，大同黄花还长年吸引了天南海北的摄影爱好者来此取景，捕捉光影的变化（见图3-31）。摄影展把云州区旅游资源由深

图 3-31 大同黄花风景

闺推向了台前，吸引了越来越多的摄影爱好者加入黄花风光摄影的队伍。

（3）大同黄花文化旅游月

大同黄花文化旅游月是大同黄花文化的另一个特色品牌，以节造势、以势促游、以游招商，进一步推动大同黄花文化产业做大做强。2019 年 6 月 28 日至 7 月 28 日，黄花文化旅游月以"忘忧花海，美在大同，产业富民"为主题，在云州区唐家堡黄花主题公园启动。活动评选出 10 位"忘忧仙子"，并在吉家庄乡吉家庄村举行了黄花开摘仪式。活动期间，举办了"忘忧花海"主题摄影和书画大赛，进一步体现大同的发展之美、自然之美、生态之美。此外，还举办了忘忧大道消夏晚会等一系列丰富多彩、亮点纷呈的活动。嘉宾和游客们赏黄花、拍黄花、品黄花美食，体验黄花采摘的田园之乐；探火山、攀火山，享受郁郁葱葱的生态美景，感悟云州人民坚持不懈植树造林、绿化家园的奋斗精神。

（4）大同黄花"晋"京城

2020 年 7 月，央视电影频道大型公益项目"星光行动"推出"大同黄花'晋'京城"活动。农户凌晨 3 点便开始工作，采摘最为鲜嫩的头茬儿黄花，以期将最佳品貌的大同黄花献给北京"最可爱的人"。新鲜的大同黄花第一时间乘坐高铁运抵北京，由央视电影频道主持人、青年演员代表将头茬儿黄花送到"星光队员"的明星代表、一线战"疫"英雄、科学家代表等6位嘉宾手中，以向他们表达祝福与敬意，感谢他们为决战决胜脱贫攻坚、全面建成小康社会做出的贡献。"大同黄花"是大同人民表达心意的最好载体，代表着黄土地人民的质朴问候，具有很好的公益属性。

两年后，承载大同农户丰收喜悦的黄花二度进京，在群星见证下再次"出圈"。2022年7月8日，电影频道融媒体中心与市委农村工作领导小组联合推出"大餐——2022年大同黄花丰收活动月"融媒体直播活动，以慢直播的形式记录了从头茬儿黄花的采摘到高铁运输至北京烹饪的美食"变形记"，邀请多位电影人、音乐人、美食家共同见证，助力大同黄花丰收活动月。据统计，全网直播观看总量超7236.7万次，热门话题5个，1.3亿人次阅读相关话题，共享"忘忧大餐"，共庆丰收喜悦。

（5）大同黄花好粮美食春晚

为了宣传大同文旅资源，丰富群众文化生活，展示大同黄花与美食文化，大同市2021年春节制作了《大同黄花好粮美食春晚》。节目以丰富鲜活的形式与全球观众见面，让人们通过轻松愉快的娱乐形式了解大同。各种表演活动从游客角度出发，展现大同黄花之美、大同好粮之盛、大同美食之名，以此打造大同"美食之都"新名片。节目组走入大同市各个特色饭店、好粮基地、加工厂等，通过游客的吃、购、游等，展示大同的美食、好粮和黄花文化。节目中不仅有云州区黄花、广灵豆腐干等名吃的拍摄场景，还有《黄花梁黄花香》《咱也是一棵忘忧草》等动听的歌曲，以及曲艺、小品等艺术形式，非常接地气，群众参与度高，在腾讯、优酷、抖音、快手等网络平台受到了广泛关注。

（6）沉浸式体验类节目《首席体验官》之"黄花"特辑

2022年山西广播电视台承制的沉浸式体验类节目《首席体验官》有一个有趣的"黄花"特辑。来自英国的小伙Rees作为体验官，第二站来到大同市云州区，深入体验当地的美景美食和特色产业，并为网友解析大同"小黄花"变"致富花"的奥秘。Rees来到大同火山群国家地质公园，登上狼窝山俯瞰火山及周边风景，不仅感受到大同火山群的魅力，还对生长在火山脚下的黄花产生了兴趣。一日凌晨，在唐家堡村有机黄花标准化种植基地，Rees穿上工作服，跟村民老唐学习黄花采摘技巧，分享大同黄花丰收的喜悦。在黄花加工车间，Rees目睹了黄花从"花"变为产品的全过程，了解了黄花产品"线上＋线下"的销售模式，还找到了"吃花"的正确打开方式，并对黄花美食赞不绝口。节目的热播，让不少网友跟随Rees的脚步到大同游览，并吃上一餐美味的黄花宴。

这一档沉浸式体验类节目，通过Rees的视角，以他真实、新鲜的感受，让更多人了解大同、选择大同。

3.3.3　大同黄花与文创产品

大同黄花的相关文创产品融合了文化创意和黄花的艺术元素，以独特的设计、创意与人们产生情感共鸣。走进大同，黄花丝巾、黄花旗袍、黄花胸针、黄花杯垫等黄花文创产品总是让人眼前一亮。

大同云州区旅游吉祥物选用黄花拟人造型，名为"云萱朵儿"，"云"代表"云州区"，"萱"代表大同黄花，"朵儿"有双重含义，既代表着植物的花或苞，又可理解为人物名称。造型设计方面，"云萱朵儿"是一个头顶黄花小帽，身着绿衣的小姑娘，天真可爱，萌态动人（见图3-32）。"云萱朵儿"IP形象设计的愿景就是将黄花之乡——大同市云州区的特色农业文化与文创产品和旅游生活相融合，从而推动旅游业的发展。

黄花丝巾上的折枝黄花图案颇为写实，有绽放的花朵，

图3-32　大同黄花IP形象"云萱朵儿"

有含苞待放的花蕾，还有新生的小花蕾，充满无限生机（见图3-33）。从构图上看，几个花枝呈不对称的向心状，既突出重点又形式活泼。从色彩上看，橘黄的有晕染感的花色配上浅绿的花枝，衬于乳白的底色之上，清新明快。黄花旗袍是在深色的底色上印有黄花的白描图案，突出黄花花瓣的形状和盛放的姿态（见图3-34）。花朵位置的布局颇为讲究，在领口处有较为集中的布置，形成视觉的焦点，两侧肩袖处采用不规则布置，既能达到动态平衡，又能凸显黄花花朵的自然飘逸之美。

图 3-33　黄花丝巾和杯垫

图 3-34　黄花旗袍

　　除此之外，其他文创产品如黄花玩偶、黄花杯垫等实用性强，与人们的日常生活息息相关，属于家居细分市场中兼有艺术观赏性及实用性的特色产品，创意的加工和设计方式让人爱不释手。黄花文创产品让用者怡心、令观者悦心，将生活与艺术相融合，尽显雅致与情怀，不仅给人们的生活增添了色彩，也赋予黄花文化新的内涵，促进商业文化与品牌相互依托和融合发展。

3.4 大同黄花与艺术创作

大同市近年来涌现了诸多影视、歌曲、戏剧作品，通过以点带面的形式融入了黄花文化。一些艺术家发挥自身文艺优势，走进云州区采风，记录"小黄花就是致富花"带来的农村新变化，通过文学、美术、音乐等形式，向人们讲好大同市云州区黄花文旅发展的故事。

3.4.1 黄花文化与电影作品

近年来，涌现出多部反映现实、鼓舞人心的电影作品，真实地刻画了当代大同黄花产业开创者、奋斗者的形象，弘扬了黄花文化。

（1）电影《黄花女人》

电影《黄花女人》根据大同市作家任勇的同名小说改编而成，由大同作家主创，在大同本地取景，用大同方言叙述，由大同演员参演。影片以一个叫乔家窑头的村子为故事背景，以一名农村女子黄花与丈夫保河、侄女的同学樊夫的情感为线索，讲述了一群淳朴善良的城乡男女在追求爱情、亲情、事业过程中发生的感人故事，乔家窑头村村民最终成功脱贫逐梦。影片在展现主人公跌宕起伏命运的同时，还展现了大同黄花遍野时的旖旎风光，许堡古村落、大同火山群、小龙门、乌龙峡、土林等自然景观均在片中出现。电影讴歌了云州区黄花特色产业扶贫的重大成果，讲述的故事是大同地区优秀党员不畏艰难、深入基层扶贫的缩影，这是一次扶贫成果宣传、黄花文化与电影产业融合的全新尝试。

（2）电影《黄花故事》

电影《黄花故事》讲述的是黄花镇党委书记带领基层干部、驻村第一书记等党员先锋，顶着重重压力带领乡亲向贫困宣战，最终投身黄花产业，找到了致富路子的故事。2018年，影片从策划立项、剧本创作到各项筹拍工作准备完毕，历时百余天。创作团队在黄花家园收集整理了大量来自脱贫攻坚一线的真实故事，这些故事为影片创作提供了丰富的素材。

（3）电影《黄花情》

2022年5月电影《黄花情》在云州区唐家堡村展映，这是一部反映农村现实题材的作品。《黄花情》主要讲述了驻村第一书记，同恶劣的自然环境做斗争，同传统落后的观念做斗争，带领贫困村村民大力发展黄花产业，建立富裕美丽新农村的艰辛过程。该影片不仅凸显了脱贫工作的艰辛和扶贫干部不屈不挠的奋斗精神,也展现了贫困村的农民所爆发出的一往无前、战胜一切困难的精神。影片中桑干河、黄花基地、大同火山群等镜头让观影的村民感到特别亲切。

3.4.2 黄花文化与歌曲曲艺

2020 年 7 月,大同市文艺工作者围绕知名农产品黄花,创作了《云州去看忘忧草》《故乡啊云州》等歌曲。这些歌曲在网络上一经推出,即刻吸引上万网友围观点赞。《黄花梁啊黄花香》《咱也是一棵忘忧草》等以黄花为主题的新民歌风格独特。歌曲为这些方言俚语编上优美的曲调,把对家乡的热爱藏在旋律中。那些充满生活气息的歌词,唤起人们美好的记忆和对自然的向往,表达了对黄花的赞美和对云州的热爱,展现了云州儿女用"致富花"创造幸福生活的态度与精气神。网友们从歌曲中便能体会大同遍地是黄花的美好。

"大同数来宝"是被列为山西省非遗项目的传统曲艺形式,《大同大不同》便是以这种形式创作的作品,"黄花也叫忘忧草,是我们云州的一大宝……大同的黄花真不赖,为您健康的生活加道菜!"表演者用大同方言介绍大同的名胜古迹、传统美食、风味小吃等,感染力很强。

3.4.3　黄花文化与戏剧作品

近年来，与黄花文化相关的现代戏、话剧等产业蓬勃发展，给人们带来了精神滋养。

（1）现代戏《忘忧草》

大型原创现代戏《忘忧草》是由山西省大同市北路梆子和耍孩剧种保护传习中心历时一年多创排的，在大同大剧院首演。大同市北路梆子剧种传习中心和大同市耍孩剧种传习中心整合组建后，首次把两个剧种有机结合在一起，创排了该剧目。北路梆子又名"上路戏"，是山西四大梆子之一，形成于清代中期，具有高亢激越、酣畅淋漓、稳健粗犷的边塞风格，郭沫若先生曾用"听罢南梆又北梆，激昂慷慨不寻常"的诗句来赞美。2011年北路梆子被列入第三批国家级非物质文化遗产扩展项目名录。雁北耍孩儿，又称"咳咳腔"，是流行于山西大同市及其周边的传统戏剧，有700多年的历史。演唱风格独特（男演员演唱采用后嗓子发声），配乐别具一格，被称为戏剧发展史上的"活化石"。2006年，雁北耍孩儿被列入首批国家级非物质文化遗产名录。

《忘忧草》以大同市云州区唐家堡村有机黄花产业基地的发展历程为蓝本，以振兴黄花产业为主线，从"黄花书记"张凤云的视角出发，讲述了张凤云克服千难万险，带领村民通过黄花致富的动人故事。全剧歌颂了共产党员为国为民的博大情怀，将个人的崇高信念与黄花种植紧密联结在一起，扎根于民、着眼民生，于朴实中尽显不凡。

演出中，唱腔高亢激越的地方特色北路梆子表现出了共产党员突破千难万险，誓要带领全村走上富裕路的决心。诙谐活泼、洋溢着乡土气息的雁北耍孩儿让胡赖、三财等村里几个利己懒汉的形象越发生动起来。

（2）话剧《热土》

2020 年 10 月，大同市歌舞剧院创排的以脱贫攻坚为题材的原创话剧《热土》进行全市巡演。话剧《热土》讲述了大同火山群间的十里堡村，扶贫多年，修了路、通了电，可全村人均收入还在贫困线下。上级鼓励发展黄花产业脱贫，可村民们顾虑颇多：村里缺乏年轻劳力、没有水浇地、种黄花头三年没收益。对此，县委书记跑前跑后，驻村第一书记带头干，申请商业贷款、认领种植土地、找水源打井等，十里堡村人最终过上了脱贫致富奔小康的好日子。

（3）广播剧《又见忘忧草》

大同市编排的广播剧《又见忘忧草》，入选 2022 年度山西省重点文艺创作项目。该剧主要讲述了大同市云州区黄花村郭建刚和女儿郭冉共同回乡创业、发展黄花种植并带领乡亲们发家致富的故事。通过父女摆擂台、黄花竞标、二人反目、遇险相救、携手共建等扣人心弦的情节，展现了两代人在观念、认知等方面的冲突和碰撞，具有生活气息和时代特色。剧中人物郭建刚和郭冉都是共产党员，他们心系百姓、敢作敢为，尽显党员在乡村振兴中鞠躬尽瘁、忘我奉献的本色。

3.4.4　黄花文化与舞蹈作品

丰收时节，黄花农户们会以舞蹈的形式来庆祝。例如，在2018 年大同好粮·京东云州首届农民丰收节上，农民自演的庆丰收节目会演引起在场观众的阵阵喝彩。以黄花为主要元素的演出服，在阳光下闪烁着金黄色的光芒，将现场的热烈气氛推向高潮。这些演出以现代舞、广场舞的形式交替，变的是舞蹈形式，不变的是喜庆祥和的节日气氛。舞蹈《金针花开》以黄花开花为题材，每一个精心安排的动作，都充满灵动之气。《丰收舞》的表演者将自己装扮成黄花，组成了丰收的“丰”字，丰收的喜悦在欢乐的气氛中尽情释放。

2022 年 7 月，以“花开忘忧，富民增收”为主题的大同黄花丰收活动月在唐家堡村黄花田园综合体核心区启幕，由一群“黄花大姐”自编的舞蹈诗剧《天下大同——平城盛景》给人们带来美的享受，处处洋溢着欢乐的气氛。

2022 年，大同市工人艺术家赵会和李娜创作的原创群舞作品《黄花情》入选全国民族民间舞创作作品汇演。这个舞蹈作品又名《眊眊俺家的忘忧草》，以"小黄花大产业"为创作方向，通过舞蹈语言描绘了桑干河畔黄花遍地飘香的美好场景，讲述了乡村人默默奉献、勤劳致富的生动故事。作品无论在音乐创作上还是在服装编排上，都极具地域特色，富有感染力和表现力。

3.4.5　黄花文化与诗歌作品

在大同黄花美景的感染下，在黄花文化的浸润中，诗歌创作者拿起笔来，写出了情真意切的诗歌。例如，李美平所写的《一场绚烂的花事——写在黄花采摘季》，描绘了黄花盛开的美景，表达了对黄花的热爱与对美好生活的赞美。子渊所写的《何以解忧》灵活运用了黄花"忘忧"的文化内涵：黄花这株忘忧草，能够让城市充满生机，为人民化解忧愁。

一场绚烂的花事——写在黄花采摘季

李美平

看见乡民满脸的笑意

嗅见黄花浓郁的清香

看见农家满院的金色

我的心，随着它们

热情绽放

漫步在桑干河畔

徘徊在湿地公园

乘一艘穿过芦苇荡的小船

去静思、畅怀、展望

精准扶贫、幸福感、中国梦……

看天，天高云淡

看地，遍地金黄

今夜

留黄花一片

在梦里

去尽情吐纳、舒展……

何以解忧

子　渊

总有许多忧愁，带着忧愁

沿着黄河一路北上，我来到

云冈地，黄花乡

古老的城市像是一位

多愁善感的老人，吞吐着旱烟

憧憬着未来，回忆着过往

一株忘忧草，在老人手心盛开

从生命的绿色中绽放出嫩黄

一色金光灿烂

像是阳光照在你我的脸上

于是，这座城市里的所有生命

都开始蓬勃生长

含苞待放的花蕾孕育着希望

来吧，饮下一盏黄花酒

就和地里劳作的农人一起

化去了忧愁

　　除了现代诗歌外，也有一些诗人用古体诗的形式来歌颂黄花产业发展的大时代。比如，喻洋的《忘忧歌》，以七律的体裁歌颂了云州今日的美好生活。诗歌里充满了欢欣鼓舞之情。

忘忧歌

喻　洋

　　云州自古贫寒，民众弊车羸马、箪食瓢饮。走进新时代后，众皆愤发，扶志亦扶智，黄花产业做强做大，万簇金黄铺就康庄大道，"忘忧草"美名远播，温暖千古云州。庚子仲夏中浣之十日，赴云州区采风，感慨万千，故作诗云：

千山睡佛影嵯峨，

可叹黎民四壁蓑。

不畏天高风月冷，

有谋地沃馥薰多。

同心乐演灯官戏，

发愤和鸣踢鼓歌，

若问人间何处好，

只寻花海凤争窠。

3.4.6　黄花文化与绘画作品

近年来，大同云州地区多次在黄花盛开的季节号召艺术家们去采风，并举办画展。在兴旺的黄花产业带动下，在黄花美景的浸润中，以黄花为主题的优秀美术作品层出不穷，呈现百花齐放的良好态势。

一些作品以大同黄花的田园风光为主要表达对象。例如，水彩画《黄花之乡唐家堡》：晨雾之下，田野环抱的村庄刚刚醒来，诗意的村舍点缀在绿油油的黄花地中间，美得仿佛是一个梦境（见图 3-35）。又如，水彩画《忘忧黄花》：开阔的田野、丰收的季节、大片的黄花，农民们正忙着采摘花蕾，一派喜人的景象（见图 3-36）。

有一些绘画作品用局部特写的形式展现大同黄花的特色，不乏清新隽永的小品。比如，国画《黄花系列》描绘了鲜黄花和干黄花，充分体现了大同黄花"角长肉厚"的特点，充满艺术感和生活气息（见图 3-37）。国画《黄花盛开的时节》，用细腻的笔触，写实地描绘了黄花盛放时的状态，数不清的花蕾、花朵与浓绿飘逸的叶丛，洋溢着充沛的生命力（见图 3-38）。

图 3-35 水彩画《黄花之乡唐家堡》 作者：申永红

图 3-36 水彩画《忘忧黄花》 作者：王荣平

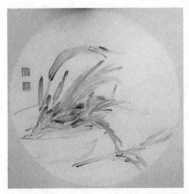

图 3-37 国画《黄花系列》 作者：刘遇春

图 3-38　国画《黄花盛开的时节》　作者：赵美玲

　　勤劳的农户也是不少绘画作品争相表达的对象，这类画作具有鲜明的时代风貌。比如，国画《地摊》刻画了一位摆摊卖黄花的大叔，画面中他饱经风霜的脸上挂着微微的笑意，身后是装满黄花的农用车车斗。大叔胸前还挂着收款二维码，画面写实而有生活意趣。

4

大同黄花文化现状与评估分析

大同作为中国黄花菜的主要产区，在黄花种植和生产的过程中，形成了丰富的黄花文化。本章通过资料收集、实地调查等研究方法，对大同黄花文化现状进行多维度评估分析，总结其优势和未来发展机遇。

4.1　大同黄花文化现状

4.1.1　大同黄花文化概述

　　大同地区广泛栽培、食用黄花距今已 500 多年，逐渐形成了较为独特的黄花文化。大同黄花和结艺、铜器、剪纸等民间艺术相互融合，产生了丰富多样的艺术形式和艺术作品。大同劳动人民在黄花的传统种植、贸易流通、生产加工等方面总结了丰富的经验，形成了独特的农耕文化。品种丰富的黄花酒、黄花饼、黄花饮料及其他不同风格的黄花美食，既形成了黄花产业基础，也培育了黄花文化产生和发展传播的土壤。

　　近年来，伴随着黄花产业的发展，大同涌现出了一批质量上乘、水平较高、为人们所喜闻乐见、有较大影响力的文化产品，对大同黄花文化的发展和传播起到了积极作用，如大同市作家所著小说《黄花女人》及其同名电影。此外，大同市政府拍摄了大同城市宣传片，向人们充分展示大同黄花的悠久历史和文化内涵。大同市内有众多与黄花文化相关的地理名称，如黄花街、大同黄花产业园、黄花主题公园等；除此之外，黄花文化旅游节、黄花产业发展大会、大同黄花丰收活动月及其相应的黄花文化旅游活动等都是围绕大同黄花而举办的。这些都使大同黄花文化在全国范围内得到了较为广泛的传播，并被大众接受。

4.1.2　大同黄花文化的传播体系

大同黄花文化具有悠久的历史，近年来在新媒体环境下演绎出新的文化传播形态。黄花所承载的农耕文明、民间文化等，与新时代的饮食文化、城市风貌、旅游文化、艺术创作交相辉映，并在新媒体语境下呈现出更加多姿多彩的面貌，因而我们应重新审视黄花文化传播的目标与价值。文化传播具有过程性的特点，文化传播体系一般由传播主体、传播内容、传播媒介、受众、传播效果五个部分组成。

（1）传播主体

传播主体主要是指传播者，即传播行为的引发者。大同黄花文化的传播是一个复杂的信息传播过程，其传播主体具有多元化的特点，主要为政府、企业以及市民。

政府作为城市文化构建的引导者，在黄花文化传播中占有主导地位。政府决定了城市形象传播的方向，其他传播主体在政府的统一领导下，根据政府的城市形象定位，开展各类传播活动。大同市政府作为城市文化传播过程中的"把关人"，对城市形象把控准确，举措积极，成效显著。近年来，大同市政府相关部门牵头举办了多维度的文化传播活动，进一步宣传和打响了"大同黄花"品牌，推动黄花文化发展。例如，从2018年起，大同市政府在每年黄花丰收之际举办大同黄花丰收活动月活动，影响力越来越大；2021年春节，制作了《大同黄花好粮美食春晚》，既丰富了群众文化生活，又展示了大同黄花与美食文化；脍炙人口的《忘忧草》，就是由大同市委宣传部、市文化和旅游局、市农业农村局联合主办的大同黄花丰收活动月活动专场演出剧目。

企业是城市文化传播中的活跃载体，也是最容易为人所认知、接受的城市名片。大同市黄花产业的一些知名企业在黄花文化传播中发挥着重要的作用。优良的黄花农产品及其衍生品在一定程度上提高了外界对大同黄花的认知度，如"忘忧"黄花饼、"云小萱"黄花酱等，都让大众更加了解黄花。大同黄花丰收活动月期间，众多企业集中展示了具有地方特色的各种黄花农产品，进一步展现了黄花产业发展潜能。一些文旅企业创新活动形式，既带来了人气和热度，又助力了文化传播，如忘忧音乐节通过乡村民谣引导游客走进黄花盛开的田间地头深度体验"忘忧生活"；"忘忧营地"结合学生暑期游、夏令营、研学游，打造体验式教育基地。

市民是城市的主体，也是城市文化传播中最基础和最坚定的力量。大同市民对城市精神和文化有最直接的感触，是城市精神财富、物质财富的创造者。大同黄花文化具有良好的群众基础，在 2022 年大同黄花丰收活动月活动中，《天下大同——平城盛景》就是一出由一群"黄花大姐"自编的舞蹈剧，从中可以感受到群众在黄花丰收时的喜悦。还有云州区每年举办的黄花风光摄影展，吸引了越来越多的摄影爱好者加入黄花风光摄影的队伍。

（2）传播内容

传播内容是指有意义的语言符号或非语言符号组成的能够表达某种特定含义的信息。大同黄花文化具有鲜活的外在特征和深厚的文化内涵，要将与大同黄花有关的文化传播出去，吸引更多的人和资源参与和投入其中，从而促进经济的快速发展。

大同黄花文化的内容主要聚焦在特色产业和文化旅游上。从饮食文化角度来看，大同黄花宴、大同黄花菜品美食大赛契合了文化旅游资源特点和受众需求。大同黄花在城乡空间中以各种景观的形式存在，人们置身于有特色的"黄花"景观环境中，能够体会其中的意境，如古城的黄花景观、忘忧大道、唐家堡黄花主题公园等。从乡村旅游角度来看，黄花小镇推出"忘忧仙子"评选大赛、黄花产业创新发展研讨会、"忘忧花海"主题摄影书画大赛等丰富多彩的系列活动，通过多种形式宣传大同黄花。从主题活动角度来看，大同黄花丰收活动月等活动包含美食大赛、忘忧音乐节、产销对接、房车露营、摄影大赛、美术大赛、骑游大赛、"花开忘忧　生活幸福"现场插花雅集等一系列黄花"农文旅"融合活动；《大同黄花好粮美食春晚》很好地宣传了大同文旅资源，丰富了群众文化生活。这些主题活动的举办，使黄花文化在当地老百姓心中更加亲切和鲜活，引发了当地人的自豪之情，加深了乡土情谊。电影《黄花女人》《黄花故事》《黄花情》等，歌曲《云州去看忘忧草》《故乡啊云州》等，戏剧《忘忧草》《热土》等，还有和黄花相关的舞蹈、绘画、诗歌等诸多新时代作品异彩纷呈，成为黄花文化传播的重要内容。

（3）传播媒介

传播媒介是将传播主体的信息传递给受众的纽带，同时也是受众将接收的信息反馈给传播主体的重要渠道。大同黄花文化传播的媒介具有多种形式，传播条件也较为成熟。从传播媒介看，不仅局限于传统的广播、电视、报纸等媒体，各种新媒体的出现满足了不同群体对信息的需求。目前来看，大同黄花文化通过新媒体来进行传播主要包括微博或微信公众号、短视频、网络直播带货等形式，传播主体以官方为主，配合有部分自媒体。

大同地区的主流网络媒体大同新闻网，仅在2020年8月，就发布了近20篇关于黄花的推文。这些文章中既有贫困户依靠种植黄花脱贫致富的小故事，也有利用黄花作为原材料制作精美菜品的小科普，还有政府针对黄花产业和农户推出的各类新政策措施，内容全面，点击量都比较高，一般在

3000~10000 人次，明显高于其他普通题材的推文。

短视频作为新兴的社交媒体，更加适合用户在移动互联网时代的碎片化使用习惯。抖音和快手不仅成为品牌营销的重要渠道，也成为文化传播的平台。在抖音上，与大同黄花文化相关的短视频很多，如制作黄花凉菜、黄花月饼和游览黄花采摘园、展现黄花基地风光等，从不同角度传播了黄花文化。

直播带货既是商品销售和品牌推广的一种方式，也能在文化传播上起到很大作用。以 2021 年"大同黄花"公益直播活动为例，来自山西、内蒙古、河北的网红团队共 140 余人为"大同黄花"助力。本次直播以"公益助农"为主题，借助互联网传播优势对云州区的农副产品进行全方位直播带货，达到了助农增收、振兴乡村经济的目的。直播中，主播们向线上消费者推介了黄花菜、黄花饼、黄花酱等产品，还推荐了云州区文化旅游资源。活动的开展有效拓宽了云州区农特产品的销售渠道，增加了产品的销量，同时也为本地特色产业发展提供了新思路。

（4）受众

受众是文化传播的信息接收者，是传播的最终对象和目标。在大同黄花文化传播过程中，受众可以是大同市城乡的内部受众，也可以是与之有密切联系或者说有利益关系的外部受众，如游客、投资商等。

（5）传播效果

传播效果是检验文化传播活动成败的重要指标。大同黄花文化传播过程中，传播效果具有多层次、多阶段的特点。在农耕时代，大同地区的农民便开始积累黄花相关的种植、加工知识并代代相传，与黄花相关的故事也口口相传。随着社会的进步和生产力的发展，大同黄花不仅行销全国，甚至销往世界各地，给人们带去美味的食材，同时也传播了黄花背后的黄花文化。在当代，黄花产业的发展带来更加丰富的产品和更广泛的文化传播。新媒体的传播效率较高，能满足受众的不同层次的需求。例如，2020年，在抖音上由央视新闻官方账户发布的《"最强带货官"上线！总书记点赞大同黄花产业！》，仅这一条短视频播放量就超过了52万。2020年增选黄花为大同市市花的报道，阅读量超过了10万人次，传播范围较广。2018年，由央视电影频道主办的大型公益项目"星光行动"启动，开始陆续走向全国贫困地区。2020年7月，"星光行动"推出"大同黄花'晋'京城"活动，将大同黄花送给北京"最可爱的人"。公益话题"脱贫攻坚战——星光行动"在微博平台热度很高，阅读量高达70亿人次，讨论有3840万条。其后，明星也纷纷为大同黄花进行宣传，相关微博内容在网上也引起了热烈关注。

4.2　大同黄花文化评估分析

大同黄花文化的发展，充分体现了大同当地文化底蕴厚重、文化资源丰富的优势，大同黄花文化在全面建成小康社会和脱贫攻坚中发挥了良好的作用。针对大同黄花文化的评估分析，本书从艺术、感知、政策和组织四个层面展开。

4.2.1　艺术层面

通过对大同黄花文化的原创性、审美性、历史性以及共情感方面进行评估，能够较为完整地了解大同黄花文化在艺术层面的发展现状，进而提出相应的优化建议。

（1）原创性

大同作为中国黄花菜的主要产区之一，在长期的生产和生活中发展出了较为丰富的黄花文化。大同黄花文化具有较显著的原创性，既有根植于人民群众的民俗传统、民间故事，又有以"大同黄花"为故事背景的新文化作品，如《黄花女人》

小说及同名电影等。在当代城市生活中，大同各行各业依托黄花产业的发展不断加大宣传力度，人民群众也在不断创造新的文化形式，把他们对黄花的喜爱之情鲜活地表达出来。在这些因素的综合影响下，可以发现大同黄花文化原创性较强，拥有自己较为独特的文化符号。例如，2023年山西省第九次旅游发展大会在大同市举办，大会吉祥物"忘忧宝"的设计就融合了大同的特色文化，其名字创意则来源于大同黄花的"忘忧"意象，寓意是游客来到大同便可享受一段美好旅程，忘掉所有烦恼。

（2）审美性

审美性是艺术的基本特征之一。从外观来看，大同黄花形态优美，颜色鲜黄，角长肉厚，顾长整齐，美学观感极佳。黄花的审美形象，一是沿袭了萱草意象在文学、艺术领域的发展，具有"代母""忘忧"等内涵。二是在农耕生活中，人们长期种植、食用、欣赏黄花，使小小的黄花充满了生活之美、劳动之美。三是在中国全面建成小康社会的关键时期，黄花作为大同地区脱贫奔小康的关键作物被赋予了新的审美内涵。黄花作为"致富花"正被大众熟知、喜爱、歌咏，成为促进社会经济发展的不竭动力。大同黄花已形成了自己独特的审美特征，根基深厚，为广大人民群众所喜爱。

（3）历史性

文化的历史性指文化是在历史中产生、继承和发展，自然带有历史痕迹。大同在北魏时期就将采凉山的野生黄花引入宫廷园林作为观赏植物。广泛栽培、食用黄花始于明朝嘉靖年间，距今已 500 多年。明末清初，大同黄花的种植、贸易、流通得到发展，"黄花街"等地名存在至今。总体来看，大同黄花文化具有较为深厚的历史沉淀。当前，大同各界较为重视黄花文化历史，并正在进一步挖掘、总结、归纳出体系化的大同黄花文化发展历程，以进一步丰富大同黄花文化的历史内涵。

（4）共情感

共情感是指人民对于该文化的理解及是否与该文化产生共鸣。大同黄花作为大同地区重要的农特产品，当地人民对黄花本身的情感真挚而热烈。目前来看，大同黄花在全国层面的影响还是靠优质产品本身，但已形成一些共情感，但要引发更广泛而深刻的情感共鸣，还需进一步讲好大同故事，推动对大同黄花文化的研究和传播。

4.2.2　感知层面

大同黄花文化现状评估的另一个重要组成部分是感知层面，可以从教育功能、社会认同和公众参与度三个方面入手。

（1）教育功能

教育和文化相关联。文化通过教育保存、传递和创新；

教育对文化进行选择和融合。大同市通过建设黄花主题公园、黄花田园综合体等，使当地人民能够近距离观赏黄花、了解黄花，促进了黄花文化的保存和创新。通过举办黄花旅游节、农民丰收节等活动向外界传递黄花文化，同时根据外界的反应不断丰富大同黄花文化内涵与形式，促进大同黄花文化的发展。大同黄花文化教育功能还可以进一步拓展，以增强教育效果。

（2）社会认同

文化的社会认同是指文化通过各种传播形式形成的群体文化认同。大同市当地媒体对于黄花产业及文化的报道，点击量都比较高，一般都在 3000~10000 人次，明显高于其他普通题材的推文。如增选黄花为大同市市花的报道，点击量更是超过了 10 万人次，传播范围较广。由中央媒体报道的大同黄花相关新闻，总点击量超过 70 亿人次，充分表明大同黄花文化的社会认同感较高。同时，大同黄花文化的传播和弘扬，不仅立足于其自身价值，也完全契合国家文化战略，因而这一文化符号在公众心目中的地位将不断提高。

（3）公众参与度

大同市通过举办黄花旅游节、农民丰收节等文化活动，建设各种可以看到、触摸到、感知到的黄花景观，极大拓宽了公众参与渠道，有效提高了公众参与度。从现状来看，公众参与黄花文化活动仍然同旅游产业依附较紧，未来还可以依托社区、学校、农村等构建更加独立的渠道。大同黄花文化的宣传和传播还可以探索更加多元化、形象化的形式，深入老百姓的生活和工作中，让更多人参与其中。

4.2.3 政策层面

大同黄花文化发展目前取得的成就，离不开相应的政策支持。从国家层面来看，当前正倡导提升国家文化软实力，努力展示中华文化独特魅力，这同发展和弘扬黄花文化相契合。从地方层面来看，山西省坚持以文塑旅、以旅彰文，大同黄花文化发展正好借上了做强、做优文化旅游产业的东风，当地政府积极出台政策予以支持。

（1）指导大同黄花文化发展的政策导向

中国到 2035 年要建成文化强国，山西省聚力建设新时代文化强省，熔铸发展软实力。这些新思路、新要求都为大同黄花文化发展提供了战略指引和政策支持。

中华民族有着悠久的历史，创造了灿烂的文化。进入新时代，要使这些古老文化遗产重新走入大众视野，就要让它们与当代文化相适应、与现代社会相协调，以人们喜闻乐见、具有广泛参与性的方式推广开来，将跨越时空、超越国度、富有永恒魅力、具有当代价值的文化精神弘扬起来，把继承优秀传统文化又弘扬时代精神、立足本国又面向世界的中国文化创新成果传播出去。大同黄花作为传统文化的载体,具有深厚的历史文化积淀,在文化创新和传播上具有潜力和价值。

"十四五"时期,中国公共文化服务体系和文化产业体系更加健全,人民精神文化生活日益丰富,中华文化影响力进一步提升;公共文化服务水平进一步提升;推进媒体深度融合,实施全媒体传播工程;推进城乡公共文化服务体系一体建设,创新实施文化惠民工程,广泛开展群众性文化活动;传承弘扬中华优秀传统文化,强化重要文化和自然遗产、非物质文化遗产系统性保护。这些都是大同黄花文化发展的有效策略和实施指引。

关于健全现代文化产业体系,中国在"十四五"时期将深化文化体制改革,完善文化产业规划和政策,加强文化市场体系建设,扩大优质文化产品供给;实施文化产业数字化战略,加快发展新型文化企业、文化业态、文化消费模式;规范发展文化产业园区,推动区域文化产业带建设;推动文化和旅游融合发展,发展红色旅游和乡村旅游。这为大同黄花文化产业体系建设提供了有力指导。

近年来,山西省正做强、做优文化旅游产业,加快把山西打造成国际知名文化旅游目的地。"十四五"期间,山西省把文化作为强省的载体路径和精神支柱,充分挖掘和利用优秀传统文化、红色文化资源,加强文化系统性保护传承,打造中国文化传承弘扬展示示范区。大同黄花文化的发展可以和山西省推动文化和旅游融合发展、培育新型文化业态的相关政策紧密关联起来。一是坚持以文塑旅、以旅彰文，推动文化和旅游各领域、多方位、全链条深度融合。二是顺应新时代文化产业和文化消费不断升级趋势，大力培育"文化+"新型业态和消费模式，培育文旅新业态。此外，大同市是山西省大力发展康养旅游的主要城市之一，将打造"康养山西、夏养山西"品牌，与黄花文化特质相契合，可以相互融合。大同黄花文化历史悠久，还有深厚广泛的群众基础，必将成为山西文化中一个美丽、独特的要素。

（2）大同黄花文化发展相关政策

大同市注重顶层设计，强化规划引领，在夯实产业基础上发力，在打造国家优质高端黄花产业的同时，不断支持黄花文化发展。2018年年底，大同召开首届黄花产业发展大会，围绕打造全国优质黄花种植基地、集散中心和标准化示范区"一个定位"，突出总体布局、重点区域、园区辐射"三个重点"，出台了《大同市黄花产业发展实施意见》，对全市黄花产业发展进行了全面部署。全市上下坚持"八抓"（抓组织、抓规划、抓政策、抓土地、抓保险、抓主体、抓服务、抓销售），有力地推动了黄花产业高质量发展。同时，大同市政府出台了《扶持黄花产业发展十条政策》和一系列补助措施，并安排专项资金来大力发展黄花相关产业，以"文化+农产品"的扶贫模式帮助人民脱贫致富，在推动经济发展的同时助力大同黄花优秀传统文化的传播。

2020年年底，大同市政府根据《山西省人民政府办公厅关于进一步激发文化和旅游消费潜力的实施意见》（晋政办发〔2020〕69号），结合大同市实际，提出要推动云冈文化旅游节、大同黄花丰收季、阳高杏花节、灵丘平型关文化旅游节等节庆展会纳入文化和旅游消费体系，实现文化惠民和文化消费双向拉动。持续开展送戏下乡活动，完善文化惠民演出、公益演出、营业性演出低票价等居民文化消费补贴政策，多渠道释放消费潜力。紧扣时代脉搏，创作一批思想健康向上、百姓喜闻乐见的文化产品，不断提升大同市文化软实力和影响力。大同市通过大力宣传和推广黄花文化，进一步激发了文化和旅游消费潜力。

4.2.4　组织层面

优秀的管理体制不仅能促进大同黄花文化更好发展，更能促进大同黄花文化在不同发展阶段自我调整、自我提升。在大同黄花文化管理上，管理体制的体系化有力促进了大同黄花文化的进一步发展。

大同先后编制了《大同市黄花菜产业发展规划》《大同市黄花菜科技与文化发展规划》，出台了《关于加快推进黄花全产业链高质量发展实施意见》《扶持黄花产业发展十条政策》，连续3年出台《大同市黄花产业高质量发展专项行动》，推动黄花产业高质量发展，打造全国一流的黄花产业集群。

大同市政府深入基层，在群众性文化活动广泛开展的基础上，进一步融合大同黄花文化，内容充实，形式丰富，如大同黄花丰收活动月、广场舞、舞台剧等。丰富多彩的群众性文化活动，使黄花文化的群众基础更加扎实。

此外，为丰富群众文化生活，2021年春节期间，大同市委网信办主办，大同市新媒体协会、大同市地久文化传播有限公司共同承办了《世界大同网络春晚》和《大同黄花好粮美食网络春晚》两台网络春晚，旨在通过网络宣传大同文旅资源、推广大同美食文化，让网友了解大同。其中，《世界大同网络春晚》是以网络文艺的形式展现"新时代、新大同、新气象、新作为"，把大同地域文化特色和城市形象以及旅游资源推向全国乃至全世界，扩大"中国古都，天下大同"的文化影响力，谱写奋进大同新篇章；《大同黄花好粮美食网络春晚》是从游客角度展现大同黄花之美、大同好粮之盛、大同美食之神，打造"大同美食之都"新名片。

2021年2月，大同市文化和旅游局发布的《关于市十五届人大五次会议第195号建议的答复》中提到，大同市云州区已将黄花产业与生态旅游、文化康养等深度融合，投资3000多万元打造火山黄花田园综合体，建成火山天路、忘忧大道、忘忧农场、吉家庄旅游小镇，形成以黄花为媒的乡村旅游点23个，成为全市推动乡村振兴、发展休闲旅游业的成功典范。云州区有着丰富的旅游资源，火山群、生态黄花试验区、土林、古堡古村等，将其纳入大同市整体旅游线路非常有必要，市旅游集散中心、各旅行社将会设计多条去云州区的精品旅游线路，并在市内重点交通枢纽放置宣传牌，在高速路、火车上宣传云州区，将其与云冈石窟、北岳恒山、大同火山群进行一体宣传。

　　大同市正不断开拓与黄花相关的第三产业的开发，培育黄花文化，讲好黄花故事，大力发展旅游民宿等新产业、新业态，统筹考虑景观设计、绿化空间、配套设施，不断推进农业与生态旅游、文化康养等深度融合，努力打造"农文旅"一体化新地标。

4.3 大同黄花文化
发展的机遇与优势

4.3.1 机遇分析

（1）政府文化政策引领得力，正全面提高国家文化软实力

当前党和各级政府对文化发展都出台了相应的政策且高度重视。党的十九届五中全会审议通过的《中共中央关于制定国民经济和社会发展第十四个五年规划和二〇三五年远景目标的建议》提出要繁荣发展文化事业和文化产业，提高国家文化软实力。"十四五"时期经济社会发展主要目标包括社会文明程度得到新提高，社会主义核心价值观深入人心，人民思想道德素质、科学文化素质和身心健康素质明显提高，公共文化服务体系和文化产业体系更加健全，人民精神文化生活日益丰富，中华文化影响力进一步提升。在党和国家的引领下，大同黄花文化将稳步发展，前景光明。

近年来，大同市委、市政府站在加快农业转型升级、推进农业现代化的战略高度，把黄花产业发展作为全面实施乡村振兴战略的重大举措，出台了各种专项政策和资金扶持补贴计划，为大同黄花文化的发展提供了强有力的保障和支持。

（2）人民对于文化休闲、康养休闲的需求日益增加

当前，广大人民群众的收入不断增长，对文化休闲、康养休闲的需求日益增加。黄花文化将在新时期发展转化为人民寄情、审美、共鸣的对象，将形成城市文化特色，并成为经济、社会健康发展的不竭动力。山西省正着力打造"康养山西、夏养山西"，以康养助推高质量转型发展和高品质生活。大同黄花文化与康养产业的融合发展，将与大健康全产业链融合，其发展可以成为"康养山西"新天地的重要支撑，给广大人民群众带来文化康养的福祉。

（3）多元媒体传播手段及信息化发展有利于高效扩大黄花文化的影响力

近年来，信息化和多元媒体的发展加速了大同黄花文化的发展和传播。同时，大同各界为黄花产业发展提供了广阔的媒体传播平台，为黄花文化推广和三产融合赢得了发展契机。

每届大同黄花丰收活动月都吸引多家中央及省市主流媒体到场参加，以直播、视频、图文、专题、专访等形式报道"小黄花大产业"的发展之路。据了解，报道 2020 年大同黄花丰收活动月的媒体包括人民网、新华网、新华社、央视新

闻客户端、中央广播电视总台国际在线、央广网、中国日报网、中国新闻网、《中国产经新闻》、《中国经济时报》、《中国文化报》、《中国食品报》、《光明日报》、《农民日报》、《山西日报》、山西新闻网、腾讯山西、新浪山西、今日头条等。其中，人民网先后以《"致富黄花分外香"——大同市第三届黄花丰收活动月启幕》《大同：小黄花铺就产业扶贫"金光大道"》为题，报道了丰收活动月现场情况，以及近年来大同多举措保障、大力度扶持黄花产业做大做强的详情。央视新闻客户端以《"致富花"开奔小康，山西大同黄花加工点首次设在地头，随摘随卖》为题，以视频形式报道了为方便农户出售黄花并及时加工，云州区30多个黄花加工点首次亮相地头的场景。每天上午7点到9点，这些加工点人山人海，每张笑脸背后都满是获得感。新华网的《大同"新星"夏日黄花乐悠悠》报道，以"黄花直播间"的形式向广大网友推介大同黄花。

每逢7月大同黄花丰收季，媒体报道量均出现小高峰。各大主流媒体对活动的一系列报道，对进一步宣传和打响"大同黄花"品牌，推动黄花产业不断做大做强均起到了重要作用。

4.3.2 优势分析

（1）大同黄花文化历史悠久，传承性较强

作为文化大省山西省的历史名城，大同市有着深厚的文

化底蕴，而黄花文化由于其具有广泛的群众基础，可以成为地域文化中一个独特而闪亮的要素。

据史书记载，云州区黄花种植历史悠久，早在 1600 多年以前北魏建都平城（今大同）时期就有种植。在明代时开始广泛种植，享有"黄花之乡"的美誉。这说明在明代大同黄花已经初具规模，成为知名度很高的地方特色农产品。

如今，大同黄花文化的发展仍然呈稳步前进态势，与悠久的历史积淀分不开。深厚的文化底蕴造就了今天的大同黄花，也为其今后的可持续发展奠定了扎实的基础。

（2）大同黄花的认知度高，群众基础好

大同黄花在当地老百姓中的认知度较高，群众基础好。如今，黄花产业已成为带动农民稳定增收、可持续增收的支柱产业，帮助地区提升经济效益和社会影响。

大同市云州区是传统的农业区，2012 年被列入燕山—太行山连片特困地区。当地自然环境优越，境内火山喷发后造就了独特的富锌富硒土壤条件，加上日照时长，地下水资源丰富，昼夜温差大，所产的黄花品质优秀。大同黄花在国内外享有盛名，在沿海地区有广阔的市场，且远销东南亚、欧美等地，被中国绿色食品发展中心认定为绿色食品 A 级产品，在历届农业博览会上多次获得金奖。

2020 年 5 月，习近平总书记到山西视察调研，第一站就到大同市云州区。习近平总书记指出："产业兴旺是解决农村

一切问题的前提""发展产业是实现脱贫的根本之策，要因地制宜，把培育产业作为推动脱贫攻坚的根本出路""乡村振兴要靠产业，产业发展要有特色，要走出一条人无我有、科学发展、符合自身实际的道路"。大同市委、市政府站在加快农业转型升级、推进农业现代化的战略高度，把黄花产业发展作为坚决打赢脱贫攻坚战和全面实施乡村振兴战略的重大举措，出台了各种专项政策和资金扶持补贴计划，为大同黄花文化的发展提供强有力的保障和支持。与此同时，创新营销模式，挖掘文化内涵，注入科技活力，提高文化旅游和特色农业融合的深度和广度，有力地带动了乡村休闲农业和观光旅游的发展。

（3）大同当地的旅游资源丰富，能够带动黄花文化的发展

大同市旅游资源类型丰富、价值高，市场优势突出，可与黄花文化互为助力，相互促进。

①大同市旅游资源类型丰富

大同作为文化古城，先后曾作为秦汉名郡、北魏京师、辽金陪都、明清重镇，留下了众多旅游资源。据统计，全市旅游资源类型丰富，包括 7 个主类、18 个亚类、38 个基本类型。有代表性的包括 5A 级景区云冈石窟，4A 级景区北岳恒山、晋华宫国家矿山公园、华严寺景区、大同古城墙，还有极具特色的广灵剪纸艺术博物馆等。

②大同市旅游资源价值高

大同市旅游资源具有极高的人文价值，主要包括以旧石器时代文化为代表的许家窑遗址，以北魏文化为代表的世界文化遗产云冈石窟，以"奇""巧""险"著称的悬空寺，目前保存最为完整的辽金寺院善化寺等。同时，大同还拥有一些独特的自然旅游资源，如桑干河、大同火山群、大同温泉等。大同城乡环境中，寺院石窟、院落街坊、边墙燧堡、溪流草甸和革命遗迹等俯拾皆是，为带动大同黄花文化发展提供了良好的先天条件。

③大同市旅游市场优势突出

大同市旅游市场的优势在于交通便利、媒介众多、特色餐饮丰富和文创产品多样。首先，大同地处晋冀蒙交界处，有旅游"中转"之便。同蒲铁路以此为起点，大秦铁路东西横贯，京大高速公路直指京城，便利了国内外游客。市县之间行程时距短，游人不仅可观赏市内景点，还可便利地到达市郊、县区，领略晋北风光、边塞及长城美景。其次，大同市旅游媒介众多，有较为完善的旅游管理和服务机构，旅行社、星级宾馆、旅游汽车公司数量日益增多，服务水平不断提升，初步形成了要素市场基本配套的产业体系。最后，大同市拥有丰富的特色餐饮和多样的文创产品。大同盛产杂粮，当地人民制作出花样繁多的风味小吃，如面鱼鱼、油糕、浑源凉粉等。此外，大同荟萃了全国八大菜系的精华，依托黄花等本地名产，形成了独特的餐饮文化，让游客获得丰富而独特的体验。

5

大同黄花文化发展策略与建议

大同的黄花文化不是独立存在的，而是植根于源远流长的中国传统文化、山西特色文化之中的，不仅有审美价值，更有深厚坚实的社会基础和复杂多元的人文基调。要加大对其文化基础和内核的理解和挖掘，实现优秀传统文化的创造性转化、创新性发展，赋予其新的时代内涵，使其成为推动社会进步和文化发展的不竭动力。

　　要让大同黄花文化活起来，成为大同市城市文化的重要组成部分，为当代人民所接受和喜爱，是新时代社会发展和文化建设的需要，也是增强中华民族文化归属感、认同感的需要，能更好地满足人民群众日益增长的对美好文化生活的向往和追求。

5.1　国内外花卉文化及花卉产业发展趋势及启示

　　花卉文化，是人们在对各种花卉的生物学特性和生态习性认识的基础上，将花卉的各种自然属性与人性、人的品格相类比，逐步形成花卉自然属性与人性、人类社会的种种关联，进而形成的一种普遍的社会观念。从花卉文化与文化的关系来看，花卉文化是文化的一个子系统，是人们在认识自然与改造自然的生产实践活动中以花卉为对象所创造的物质文化和精神文化的总和。花卉文化的历史性、民族性与形成文化的自然因子有密切的关系，世界各地的花卉文化与其形成的环境不可分割。

　　花卉具有天然的美学和生态属性。花卉文化的产业化是将花卉文化与自然生态、健康休闲、艺术审美等融合，以满足人们对美好生活的向往。和花卉文化有联系的产业有旅游休闲、美食美容、园林装饰、家庭园艺、医疗健康、文化教育等，花卉文化在当代生活中有丰富的应用场景，譬如"花卉主题景点""花卉旅游资源""花卉文创产品""花卉美食""花卉美学艺术""花卉节庆"等。

5.1.1 国内花卉文化及花卉产业发展趋势

中国花卉文化源远流长。中国人欣赏花，不仅欣赏花的颜色、姿容，更欣赏花中所蕴含的品格，如"予独爱莲之出淤泥而不染"，再如"不是花中偏爱菊，此花开尽更无花"。中国花卉文化几千年来主要以文学、绘画、陶瓷、服饰、剪纸等为载体进行传承。在漫长的历史中，花卉文化影响着中国传统文化的发展，塑造着中华民族的精、气、神，具有三大特色。一是与园林文化、饮食文化等相互渗透、影响；二是形成了人类与花卉共生的哲学，人们在花卉欣赏和使用过程中产生生命意识和自然观念；三是"以花比德"，将花卉的审美价值与人的道德情感相结合，如梅高洁、菊清廉。人们在欣赏和应用花卉的时候，常常将花卉的自然特性情感化、性格化，这是花卉审美的重要内容。中国人习惯用花卉代表人类真挚的友谊、纯洁的爱情、崇高的信仰等，也用来代表坚韧不拔、顽强拼搏、坚贞不屈的宝贵精神。如人们称傲霜迎雪的松、竹、梅为"岁寒三友"，称梅、兰、竹、菊为"四君子"，花卉不再是没有意念的自然之物，而是具有了品格。花的品格化，是花卉审美的哲学表达和花卉文化的精髓。花卉在中国传统文化中具有不可替代的地位，形成了独具特色的花卉文化。

当代，人们在养花、赏花、食花、插花、咏花、画花等实践活动中不断传承与创新花卉文化，使花卉文化成为休闲文化、产业文化、民俗文化、旅游文化、商业文化等文化的组成部分。围绕花卉文化展开的特色产业，不仅能够带来经济效益的提升，也能够促进相关文化的传播。

花卉旅游既有生态价值，又有经济潜力，是花卉产业重要的组成部分。花卉是极具吸引力的旅游景观之一，具有"色、香、姿、韵"等特征，其审美内容包括形态之美、意境之美、精神之美和生态之美。花卉旅游的审美意识产生于游客对花卉的兴趣，是游客从形式快感、移情作用和花卉应用等方面进行体验感受的。如今，人们将花卉产业与文化旅游相结合，打造花卉景区和花卉节庆活动，吸引游客前来参观和体验，以促进花卉产业的发展，推动相关产业链的融合和升级。有的地方把花卉旅游和产业优势紧密结合，如云南省充分挖掘其花卉产业在促进旅游产业发展、推动经济增长上的优势；有的地方把花卉旅游和地域文化联系起来，如河南的花卉主题生态旅游。梅花、荷花、牡丹、芍药、桃花、杜鹃、兰花等传统名花是比较有号召力的主题花卉，在节事旅游和旅游景区往往和自然风景、人文景观等"联袂出镜"。一些和食用、药用、康养等相关联的花卉，也在新一轮的旅游竞争中崭露头角，如大同黄花、广西横州茉莉花等。

花卉主题节事以丰富多样的花卉文化为内核，近年来发展较好，方兴未艾。中国古代就有花卉节事的传统，起源于春秋时期的花朝节，文化活动丰富，有祭祀花神、挂花神灯、聚宴饮花朝酒、制作品尝花糕、扑蝶、赏红等，隋唐时期宫廷组织的"杏园探花"是全体及第进士的赏花活动，这一节事后期演化为宫廷仪制。当前各地的花卉主题节事常以特色活动场景为载体，整合地方文化资源，如中国洛阳牡丹文化节、中国国际茉莉花文化节等品牌节事已逐渐发展为集探花赏景、文化展览、休闲文旅和商贸交流等于一体的大型综合性经济文化活动。类似的还有湘潭杜鹃花文化节、湖北武汉大学樱花节、北京平谷国际桃花节、中国南京国际梅花节、杭州西湖国际桂花节、中国开封菊花文化节、山东济宁微山湖荷花节、云南昆明茶花节以及陕西汉中油菜花节。这些节事对树立地域形象、弘扬文化起到了促进作用。

花卉文化近年来取得了创新性发展，人们开始注重弘扬花卉的自然之美、生态之美和文化理念等，把花卉的美学价值和文化价值融入城乡环境和日常生活中。比如，通过设计将鲜花巧妙地融入生活中的各个场景，营造出独特而美丽的氛围。在婚庆、商务活动、家居装饰等方面，花艺已经成为必不可少的元素，为场景增添了浓厚的情感和艺术气息。城乡环境中的花卉文化创意布景和活动，满足了人们对高质量生活和美的需求。如北京菊花展，向社会大众展现了菊花的风貌，通过众多以菊花为主题的特色文化创意产品如菊花茶、菊花酒、菊花画作等，传播菊文化。再如，黄浦市民园艺中心举办的"春天开放日"活动，借由蝴蝶兰、绣球、重瓣百合、大丽花和各类春季球根花卉等打造唯美疗愈的场景，结合园艺沙龙、草地音乐演奏、花车巡游等互动活动，满足人们对轻松自在、随意自然的生活方式的需求。

花卉美食因与健康生活紧密联系而备受关注。花卉色、香、味、形俱佳，具有一定的食用及药用价值。各种花草植物制成的茶饮，如玫瑰花茶、菊花茶、薰衣草茶等，不仅具有独特的芳香味道，还有助于人体健康。除此之外，有一些花卉本身可以作为食材，如金银花炖雪梨、桂花糯米饭等，花卉的添加带来独特的花香和口感。一些以花卉为主题的餐厅也逐渐兴起，这些餐厅以花卉装饰为主，提供与花卉相关的美食和饮品，具有浪漫优雅的用餐氛围。

此外，花园游览、芳香疗法等也蓬勃兴起，为花卉文化及花卉产业带来了新的活力与发展机遇。

5.1.2 国内花卉文化及花卉产业案例分析

（1）"牡丹之城"洛阳的花卉文化与产业联动

洛阳作为中国"牡丹之城"，具有悠久的花卉文化历史和丰富的花卉资源，文化底蕴深厚。洛阳通过举办牡丹文化节、牡丹艺术展、牡丹摄影比赛、灯会、焰火晚会、文艺会演、剧目演出、插花展等文化娱乐活动，加大对牡丹文化的宣传力度，让更多人了解牡丹、喜爱牡丹。

牡丹文化的传播，也促进了与牡丹相关文化产业的发展，如衍生出和牡丹有关的文创产品、特色美食等200多种。

其中，最有地方文化特色的产品有牡丹工艺品、牡丹食品，以及牡丹化妆品、精油等。平乐牡丹画是牡丹文创产品的代表。为推动平乐牡丹画的产业化发展，当地政府邀请老一辈画师和绘画名家培训村民画牡丹画，很快平乐村成为"中国牡丹画第一村"。如今平乐有 1000 余人从事牡丹画产业，每年有 40 余万幅画远销海内外，带动研学、文创、电商、物流、直播带货等新业态快速发展。洛阳牡丹瓷也是牡丹文创的精品，其是将牡丹文化与中国古老的陶瓷工艺有机融合后而诞生的新派艺术陶瓷。洛阳牡丹瓷造型典雅端庄，色彩瑰丽绚烂。据《洛阳日报》报道，2013 年，完美融合牡丹文化与陶瓷技艺的李学武牡丹瓷被选定为"国礼"。洛阳牡丹瓷博物馆设有牡丹瓷工艺生产线，这样一来既能对外传播厚重的牡丹历史文化，又能使游客观赏并体验牡丹瓷的设计制作过程，充分感受艺术的魅力。一朵朵形神兼备、娇艳欲滴的牡丹花盛开在瓷器上，牡丹与陶瓷完美融合，共同演绎花卉之美。近年来，洛阳在大力发展牡丹深加工产业的基础上，持续开发牡丹衍生产品，牡丹香水、牡丹丝绸、牡丹剪纸等文创产品百花齐放，为牡丹产业开拓了全新的发展空间。

（2）广西横州的茉莉花产业发展

广西横州种植茉莉花历史悠久，茉莉花产量和花茶加工总量位居全国之首。2010 年以来横州进一步挖掘和开发茉莉花文化，举办中国国际茉莉花文化节，发展文化产业，探讨以产业文化推动产业经济发展的模式，带动地方经济发展。中国国际茉莉花文化节每年举办一届，包含茉莉花音乐节、茉莉发展论坛、茉莉工艺作品展、观光旅游活动、美食节等。其中，茉莉工艺作品展通过展出茉莉花主题的工艺、书画、摄影、盆景等作品，弘扬中华民族优秀传统文化，增进文化艺术交流；通过传播横州茉莉花文化和民间传统文化，提高横州知名度和影响力。观光旅游活动具体包括横州历史文化展示、茶艺茶道表演、中华茉莉园摘花体验、茉莉花香熏浴等，游客可以领略横州的好花、好茶、好音乐、好风光。

横州结合茉莉花的特点，开发茉莉花茶、茉莉花精油等相关产品，拓展产业价值链。横州将茉莉花文化与旅游业相结合，打造了一批茉莉花园林景区，吸引游客前来赏花旅游，推动了当地旅游业的繁荣发展。借助智慧农业技术，横州茉莉花种植实现了现代化管理，提高了产量和品质，降低了生产成本，助力茉莉花产业的可持续发展。总的来说，横州茉莉花文化与产业联动发展，推动了传统文化的传承与创新，产业的发展与转型升级，以及旅游业的融合发展，为当地经济发展注入了新的活力。

5.1.3 国外花卉文化及花卉产业发展趋势

世界花卉产业在第二次世界大战之后迎来了快速发展期，很多国家花卉消费和花卉文化迅速兴起。欧洲、美国和日本成为国际花卉消费市场的三大中心，荷兰、比利时、意大利、德国等均为全球花卉重要的生产国家，德国、荷兰和法国也是欧洲花卉消费国典型代表。

从花卉文化传播的角度来看，欧美国家赋予各种花卉独特的寓意，大多数花卉或其组合都有特定的意义并形成了系统的花卉语言，其象征意义多与古希腊、古罗马神话和宗教联系在一起。例如，玫瑰代表爱，蓝色紫罗兰代表守信等，这些"花语"在全世界广为流传，成为西方花卉文化的重要组成部分。日本的花卉文化意识较强，通过各种形式的宣传和推广，让世界认识了日本的樱花、菊花等。

从花卉旅游来看，荷兰、德国、英国等依托花卉产业的创新，通过发展创意农业，实现了花卉产业的深层转型。荷兰的创意农业以"高科技创汇型"的特殊优势成为世界典范，并以农场为平台开展花卉生产及相关文化创意活动，1500余家花卉农场、种源公司、科研机构、农业生产设备公司和相关文化艺术活动策划以及运营企业通力合作，使文化旅游与"硬实力"紧密结合。德国以打造"社会生活功能型"创意农业为理念，大力发展休闲农庄和市民农园，开发花卉园艺旅游活动，在满足居民生活、休闲和娱乐方面需求的同时促进城乡可持续发展。英国悠久的工业历史和较高的城市化水平催生了农业旅游，在不断发展中，英国成为全球发展农业旅游的先驱国家，至今引领世界休闲农业旅游的发展方向，其"旅游环保型"创意农业很多都依托花卉产业发展。

从花卉节庆、民俗活动来看，欧美一些城市通过展示和比赛相结合的方式为游客带来独具文化气息和创新精神的与花卉相关的活动。例如，英国的切尔西花展经过 100 多年的经营，已成为全球最负盛名的花展活动，该展会每年 5 月举办。由于观众太多，从 1988 年开始限票，但还是被全球花卉园艺爱好者追捧。比利时根特地区的秋海棠活动闻名世界，该地区每年生产 6000 万株秋海棠，每隔两年在海棠花盛开的 8 月，在布鲁塞尔大广场用几十万株红、白、黄等颜色的秋海棠按照选定图案铺成一块面积约为 1900 平方米的鲜花地毯。这已成为当地人民的一个重大节日，成为民俗文化的一部分。

从花卉创意设计和文创产品来看，法国人喜欢花卉可从他们喜欢阅读花卉园艺图书看出。法国花卉园艺类书籍每年有数百种，花园、花卉和园艺盆栽成为出版社的重要选题。瑞典基本每年发行花卉题材邮票，如"三色紫罗兰"邮票、"睡莲"邮票等。欧洲古典园林中的花卉种类与《圣经》中的花卉关系密切，许多城市公园专门开辟有"《圣经》中的植物园"。

从花卉与人们的生活来看，英国民众非常热爱花卉园艺，许多人在花园里倾注无限热情，创造出许多非凡的花园景观，供人分享和交流。在挪威、瑞典、丹麦、芬兰等北欧国家，花卉也是人们生活的必需品。芬兰是欧洲北部国家，冬天白雪皑皑，花卉种植非常不易，但芬兰约 2/3 的人拥有花园。每年 5 月至 6 月，人们买花布置或种植，在有限的时间里将花园打扮得焕然一新，这一阶段园艺产品的交易额占全年的 80%。

此外，随着人们环境保护和健康意识的提高，环保种植和有机生产也成为一些国家花卉文化产业发展的趋势之一。这些国家注重创新设计和品牌建设，打造独特的花卉品牌形象，以提升产品附加值和竞争力，这也是推动花卉文化产业发展的重要理念。

5.1.4 国外花卉文化及花卉产业案例分析

（1）荷兰以郁金香生产为导向发展花卉旅游产业

荷兰的花卉旅游产业是以其现代化的花卉产业体系为基础的。荷兰以郁金香为代表的花卉产业经过 400 多年的发展已经形成完备的产业链条和产业集群，丰富的花卉文化也成为荷兰花卉旅游的灵魂。16 世纪郁金香从土耳其来到荷兰，17 世纪郁金香成了贵族和富商手中炙手可热的商品，甚至引发了一场名为"郁金香事件"的投机热潮，最终导致经济危机。英国水手把郁金香球茎当作洋葱误食等故事构成了花卉的传奇文化，吸引着全世界游客进行花卉审美休闲、产品交易、产业参观学习以及花卉文化体验等旅游活动。一时郁金香文化旅游成为荷兰花卉产业增值的新路径，花卉产业卖点由产品扩大到了文化，极大提升了花卉产业效益并有效拉动了产业的快速发展。

荷兰的郁金香生产注重科技创新，通过育种和栽培技术的不断改进，培育出了众多优质的郁金香品种，从而提高了郁金香的观赏价值和商品价值。此外，荷兰还以其先进的温室种植技术和有效的市场营销策略而著称，因而郁金香产业能够在全年都有稳定的供应及客源。荷兰已经成为全球最大的郁金香生产和贸易中心之一，种植的郁金香不仅供应国内，还远销世界各地，每年有 60 亿株的郁金香出口到其他国家。

从荷兰的花卉旅游产业来看，郁金香园、郁金香节等吸引了大量国内外游客，推动了当地旅游业的发展。郁金香也成为荷兰的文化符号之一，代表着荷兰人对美好生活的向往和追求。荷兰西部利瑟地区每年从 3 月到 8 月都是郁金香季，会举办郁金香花车游行等文化活动。

荷兰的花卉及其产品成为现代文化创意的载体。荷兰将以传统花卉生产为导向的发展模式转化为以全球市场消费为导向的产业持续发展模式，走在了世界花卉文化产业前列。消费市场推动着郁金香文化的创新，为郁金香产品带来新的价值和市场空间。荷兰这种把花卉生产与文化相结合并把产业发展成经济支柱的发展模式，在世界上非常稀少。

（2）日本樱花文化的传播

日本樱花是日本最具代表性的花卉之一，被视为日本的国花。日本樱花作为一种独特的文化符号，经常出现在日本文学、绘画中。许多著名的诗歌、小说和绘画作品都以樱花为主题，将其视作美丽、短暂和珍贵的象征。每年春季，日本樱花吸引大量国内外游客前来赏花游玩。樱花盛开时，日本各地都会举办樱花节庆活动，如赏花会、樱花祭等，成为日本旅游业的重要支柱。日本人民热爱樱花，樱花盛开时人们会举行赏花宴、野餐会等各种社交活动，以此庆祝春天的到来。这些活动不仅促进了人们之间的交流，也加深了人们对樱花的感情。日本的樱花文化逐渐被国际社会所熟知，许多国家的城市也举办樱花节庆活动，模仿日本的赏花文化。总的来说，日本的樱花文化通过文学艺术、旅游观光等多种方式在世界范围内得到广泛传播。樱花不仅是一种美丽的花卉，更是日本文化的重要象征，受到人们喜爱。

（3）法国薰衣草产业的特点与发展模式

法国薰衣草主要产地在普罗旺斯地区，该地区气候和土壤条件非常适宜薰衣草的生长，是世界著名的花卉产地。普罗旺斯薰衣草以其独特的芳香而闻名于世，普罗旺斯一度成为法国重要的旅游景点之一。在普罗旺斯地区，薰衣草种植已有数百年的历史，当地的农民将薰衣草栽种在广袤的田野里，由此形成了壮观的薰衣草花海。每年夏季，薰衣草盛开时，这片紫色的大地吸引了大量游客前来观赏，也成为摄影爱好者的天堂。普罗旺斯薰衣草有着丰富的用途。当地人们利用薰衣草提炼精油，用于制作香皂、护肤品、香水等产品，这些产品不仅在法国国内畅销，也远销到世界各地。同时，薰衣草也被用于食品调味等方面，成为当地经济的重要支柱之一。普罗旺斯薰衣草产业的发展得益于当地丰富的自然资源、深厚的文化底蕴以及人们对薰衣草产业的重视。普罗旺斯薰衣草产业不仅为当地带来了经济效益，也促进了当地旅游业的繁荣。

5.1.5 国内外花卉文化发展的启示

国内外花卉文化与产业结合具有多元化、创新化和落地化等特点，不仅花卉文化本身在与时俱进，各国也在不断探索新的发展模式，寻找新的市场机会，推动花卉文化和花卉产业可持续发展。大同黄花文化的发展可以从以下三个方面来借鉴。

（1）传统文化与现代市场的结合

传统花卉文化源远流长，蕴含着丰富的文化内涵。因而，可以将传统花卉文化与现代审美观念和消费需求相结合，设计具有传统特色和现代气息的花艺产品，以吸引更广泛的受众群体。花卉文化作为传统文化中的重要组成，承载着人们的情感和理想。花卉审美，是一个从身心体验到修养提升的过程。花形、花色、花香等审美对象，以及花坛、花园等丰富的花卉造景形式，能够给人们带来直接的审美体验；以花卉图案为装饰的服装、配饰等人们日常生活中的常见物，以花卉为主题的绘画、雕塑、邮票等，能够给人们带来间接的审美体验；以花卉为题材的诗词歌赋、散文小说等文学作品，以及以花卉为主要元素的舞蹈作品，能够给人们带来精神层面上的审美体验，这些都是花卉审美的不同表现形式。

将传统花卉文化符号与现代市场需求相结合，可以赋予花卉更多的文化内涵，使其在当代社会焕发新的生命力。传统文化强调花卉的品质，而现代市场则更加注重品牌和营销。结合传统文化对花卉品质的要求和现代市场对品牌的认可，可以打造出具有传统文化底蕴和现代市场认可度的花卉品牌，提升产品附加值。通过将传统文化与现代市场结合，让花卉文化得到更好的传承和发展，同时也能够满足人们对美好生活的需要，促进花卉产业的繁荣与发展。

（2）科技创新与产业升级的重要性

在花卉产业中，科技创新对于提高生产效率、改善品质、降低成本至关重要。国外的花卉产业通过引进先进的种植技术、自动化设备和数字化管理系统，实现了产业的升级和转型。这为我们提供了重要启示，即应通过加大科技投入和创新研发，提高中国花卉产业的竞争力，实现产业的可持续发展。国外花卉文化的发展表明，传统文化与现代科技可以相辅相成，共同推动产业发展。在当地传统文化的基础上，利用现代科技手段进行产品创新、营销推广和文化传播，以提升产品附加值和市场竞争力。花卉产业还可以通过开发多元化的产品来满足不同消费需求，提升行业的附加值。例如，结合花卉旅游、花卉饮食、康体养生等服务，拓展产业链条，创造更多就业机会，促进产业的发展。

（3）文化传播与旅游产业的联动发展

花卉具有很强的文化和旅游属性，这源于花卉的审美价值。花卉的色彩、气味、形态所传递的信息能够为人类带来一种非功利性的愉悦感，这就是文化体验和旅游的驱动力。花卉美丽且具有一定的文化内涵，在旅游产业中拥有巨大的发展潜力。近年来，国际性或全国性花事活动如扬州世界园艺博览会、第十届中国花卉博览会等均设有规模可观的花卉文化展示区，中国洛阳牡丹文化节、中国国际茉莉花文化节等品牌节事已逐渐发展为集探花赏景、文化展览、休闲文旅和商贸交流等于一体的大型综合性经济文化活动。

国内外花卉文化的发展表明，将花卉文化作为旅游资源进行开发，可以吸引大量游客前来观赏，即通过整合花卉资源，打造特色花卉旅游景点，可以促进旅游与文化的融合，推动旅游产业的发展。国内外花卉文化的发展也表明了文化传播对于扩大影响力和提升品牌形象的重要性。通过文化传播，国内外的花卉品牌得以在市场上树立品牌形象和积累口碑，吸引了更多消费者的关注和认可。我们可以借鉴这一经验，通过加强花卉文化的传播，宣传花卉产业的特色和优势，提升品牌知名度和美誉度。另外，体验式旅游和文化创意在推动旅游产业发展方面也扮演着重要角色。我们可以通过打造花卉采摘、花艺 DIY、花卉展览等互动性强的体验项目，让游客更好地融入花卉文化之中，增加旅游的趣味性。此外，结合花卉文化的创意产品和设计，可以开辟新的市场空间，提升文化产品的附加值。国际上，花卉旅游产业之间积极开展密切的交流与合作，中国可以借鉴其先进的管理经验和市场运作模式，促进花卉旅游产业的发展。同时，加强国际交流还有助于推广中国花卉文化，提升中国花卉文化的国际影响力。综上所述，将花卉文化作为旅游资源进行开发，注重文化传播与品牌建设，推动体验式旅游与文化创意的发展，加强国际交流与合作，可以促进花卉文化与旅游产业的联动发展，推动旅游与文化的融合，实现旅游产业的可持续发展。

5.2　大同黄花文化发展战略

5.2.1　"文旅融合"战略

"文旅融合"战略是提高大同市黄花文化在全国影响力和竞争力的重要手段之一。积极寻找黄花文化和旅游产业链条各环节的对接点，发挥黄花的观赏价值与文化优势，形成新增长点。实施"文化＋旅游＋服务"战略，推动黄花文化、旅游及相关服务业融合发展，不断培育文化产业新业态。通过文化和旅游的融合将文化要素转化为旅游产品，用文化的养分推动旅游效益化，把握时代机遇，加强创新和合作，提升品质和内涵，助力产业发展，为人民美好生活不断增光添彩。农业生产及自然景观的季节性往往限制中国各地农业产业的"文旅融合"。基于此，大同黄花相关文旅产业发展一方面要建设多维文旅品牌，除了对鲜活黄花的欣赏、体验外，还要打造丰富多元、内涵深厚的非物质性文化感知与传承路径；另一方面可突破季节性限制，充分利用温室展览馆等现代设施，满足游客特别是外地游客一年四季观赏黄花的需求。

5.2.2 "绿色发展"战略

倡导生态旅游，推动黄花相关的绿色文化旅游产品体系建设，打造以黄花文化体验为核心的生态精品旅游线路，拓展以黄花景观为主题的绿色宜人的生态空间，推进黄花文旅产业生态化、低碳化发展。将绿色发展贯穿到黄花文化旅游规划、开发、管理、服务全过程，形成人与自然和谐发展的现代文化旅游业新格局。

5.2.3 "区域协同"战略

统筹大同城乡黄花文化产业发展，立足各区县的特色文化资源和功能定位，发挥比较优势，在云州区不同乡镇明确以黄花文化旅游为发展重点，推动各地黄花文化产业多样化、差异化发展，形成优势互补、相互协调、联动发展的布局体系。整合区域文旅资源，开发区域精品旅游线路，促进区域文化旅游业协同发展。

5.2.4 "文化共融"战略

大同地区农耕、饮食、人文、医药等文化基础厚、内容实，黄花文化与它们同根而生、脉络相连，宜于形成良好的共融、互补关系。所以要将大同黄花文化与农耕文化、饮食文化、康养文化、旅游文化、中医药文化、名人文化等紧密融合起来，进行系统规划，共同打造大同黄花文化品牌。

5.2.5 "创新驱动"战略

以文化创意、科技创新为引领，提升黄花文化内容的原创能力，推动黄花文创产品、技术、业态、模式、管理创新，培育"互联网+"等文化经济新动能，促进文化资源与互联网、大数据和云计算深度互动，推动创新成果有效转化为现实生产力。

5.2.6 "共建共享"战略

坚持以人民为中心的发展思想，把"人民群众满意"作为黄花文化产业发展的根本目的，做到主客共享、环境共建、成果普惠。使游客更满意、居民得实惠、企业有发展、百业添效益、政府增税收，进一步提高黄花文化促进乡村振兴、文化繁荣的精准性，真正让居民、农户、农民受益，提升获得感、幸福感，形成旅游共建共享新格局。

5.2.7 "食品安全"战略

食品安全是人的基本生存保障，是最基本的民生问题。大同黄花文化的广泛传播，产业上需要严守食品安全红线，建立完善的管理体制机制。一方面，以大同黄花产品的地方质量标准为约束，规范产品品质等级；另一方面，严格监管各类产品的生产加工流程，保证食品安全。这样才能提升市场竞争力，为打造文化品牌奠定坚实基础。

5.3　大同黄花文化发展策略

5.3.1　大同黄花文化品牌体系构建

基于大同黄花文化和产区特色，要深入挖掘黄花产业优势，提炼"大同黄花"文化品牌核心价值，设计独特且鲜明的文化品牌形象。在构建文化品牌上，要完善产业链的缺口，提升大同黄花文化的知名度、美誉度，在全国黄花市场中不断提高市场份额，最终实现农产品增值、农民增收、文化产业增效和区域间协同发展的目标。

在大同黄花文化品牌体系构建上，应从整体创新文化产品和利用龙头企业牵引文化发展、文化故事助力品牌塑造三个方面入手，对大同黄花文化的发展进行统筹规划。同时，大同市文旅产业与大同黄花产业融合发展有待进一步加强，以期达到相互促进、相互提升的目的。

（1）创新文化产品

大同黄花文化产品从整体产品定位、外包装改进和销售

159

渠道三个方面进行创新规划。

大同黄花文化产品的整体定位主要从大同黄花的历史文化价值、食用价值、药用价值和生态观赏价值切入，进行整体规划，确定产品形象，制造记忆点。精准定位是把"大同黄花"品牌的物质、文化、艺术等功能融合在一起，形成一种精神"凝聚物"，让人们获得物质和精神的双重享受。大同黄花的物质定位应该是具有地理标志的优质农产品、美味菜品、保健品，包括中国"素食三珍"之一、中国打卤面"菜品之王"等；文化定位是泼辣生长又接地气的"致富花"，是悠远温馨、承载亲情的"母亲花"，是亮丽灿烂、盛情迎客的"忘忧草"。大同黄花产品的消费群体主要是普通消费者，但为了提高服务质量，也要针对普通消费者的个性化需求进行创新，如以图形和文字结合的形式创新品牌形象，或利用明星效应，或利用当地人民群众的体验和经历来"讲故事"。

从大同黄花产品体系出发，可结合当前市场趋势，通过线上渠道和线下渠道相结合的方式，打造符合大同黄花文化产品特色的销售方式。线下渠道可与本地各商场、大型超市合作，开设"大同黄花"品牌专柜。该类型渠道销售的黄花衍生品及文化产品应以高端礼品为主。产品设计上可结合大同火山群落、桑干河湿地、西坪国家沙漠公园等自然景观资源和云冈石窟、华严寺、悬空寺等历史人文旅游资源，构建品牌接触点，实现农旅结合，强化消费者的品牌体验。又如，休闲观光农业为广大旅游消费者提供了更多的休闲选择，可借助云州区的旅游市场和旅游设施，将农家乐、休闲农场等体验式度假区作为推广"大同黄花"品牌与产品销售的新型渠道。线上渠道可在电商平台导入"大同黄花"全新品牌形象，打造个性化的品牌形象，以吸引消费者。同时，借助微博、微信等自媒体平台发起线上互动，增加品牌知名度与消费频率。

（2）龙头企业牵引文化发展

充分发挥"大同黄花"品牌的龙头效应，带动大同黄花文化发展。文化品牌属于无形资产，企业可以依托品牌实现资源优化配置。"黄花之乡""素食三珍"的声誉已传遍世界各地，龙头企业如果注重提升黄花产品、衍生品和文创产品的个性化服务水平，将获得更高的市场享誉度。大同黄花龙头企业的牵引，可促进各种资源的融合，最大化发挥龙头效应。所以，"大同黄花"品牌应顺势而为、乘势而起，锻铸培育个性化强、发展潜力大的龙头企业、龙头产品，准确定位、整合资源带动文化发展。

（3）文化故事助力品牌塑造

文化故事的提炼能创造性地塑造大同黄花品牌，提升品牌的附加值。品牌的塑造，需要融合独特的精神特质，满足人们的精神文化需求。从实际情况来看，虽说"大同黄花"品牌形象和故事已初步形成，但稍显分散。为此，需要以大同黄花的历史和民间传说等为基础，提炼适应现代人审美的大同黄花文化故事，助力大同黄花品牌塑造，如《本草纲目》中黄花的药用保健价值，当代勤劳的大同人民使"小黄花"变成"致富花"的故事，等等。

5.3.2　大同黄花文化传播策略

在黄花文化传播方式上，应强调线上与线下齐头并进，强化专业文化人才的支撑，构建健康可持续的黄花文化传播体系。

（1）黄花文化线下传播策略

线下传播策略可在现有的举办黄花文化旅游节和旅游月的基础上，主要针对文化旅游市场进行构建，对不同类型的文化旅游市场细分，并进行黄花文化旅游项目的精细化设计，打造多元化的黄花旅游文化。

针对中小学生社会实践和亲子游市场，进行黄花干制体验项目的开发，可以将黄花知识传递与采黄花体验相结合。例如，设计黄花文化知识有奖竞答活动；观看采黄花、制黄花视频；在干黄花制作体验环节中，设计黄花工艺流程观摩、干黄花制作 DIY（自己动手）等。

针对休闲度假市场，开发黄花干制表演展示和培训指导项目，搭建以黄花会友的社交平台；打造以黄花文化为主题的精品民宿；开发地方传统菜肴与黄花相结合的黄花宴；开发黄花休闲养生项目；布置黄花文化主题商品展厅，进行黄花文化书籍、黄花标本工艺品和插花纪念品、黄花元素的日用品、黄花食品等的展览与销售。

针对医疗养生和健康养老市场，结合大同黄花文化，定期开展养生长寿和黄花保健知识讲座；在基础设施的配套上充分考虑老年群体活动的特点，设计合适的黄花体验活动；开发适应这一市场需求的黄花美食。

（2）黄花文化线上传播策略

以企业官网、手机 App、微信、微博、短视频、直播带货为代表的新媒体宣传方式已成为时代趋势，但互联网带来的海量信息也给受众造成干扰，不是特别有影响力的信息很难引起受众的主动关注。因此，大同黄花文化的线上宣传可从以下几个方面着力。一是实现多渠道的整合推广。整合地方各级政府工作部门宣传渠道以及企业的相关渠道，在讲好黄花故事时，既要统一宣传基调和口径，又要在形式、内容上力求多样化、丰富化，做到各有各的定位、各有各的出彩，互为助力和补充。二是制造新闻宣传的热点，进行事件营销。将黄花农耕生产的场景和群众体验活动通过新媒体方式广泛传播，引发大众的持续关注。三是注重文化传播的个性化。依托大同传统历史文化和黄花的自然生态属性，结合乡风民情，挖掘和开发大同黄花文化新内涵，突出地方特色，增强传播效果。

（3）黄花文化发展的人才支撑策略

可以依托产教融合、行业共建，推动黄花文化人才队伍建设。一是定期邀请文旅规划专家、花卉文化专家，举行讲座或培训；举办黄花文化高峰论坛等，邀请国内相关科研机构和知名学者参加论坛，深入挖掘大同黄花文化内涵，就大同黄花文化发展机制展开深度研讨。二是可由文旅管理部门牵头，加强与周边或区域内院校合作，定期邀请院校教师、文旅行业企业岗位技术能手对相关人员进行专业知识指导与培训。三是可与院校开展黄花文化旅游合作研究或专业人才联合培养，为黄花文化发展做好人才储备。与院校相关课程进行对接，如将黄花文创主题项目设计搬到课堂，并将课堂教学完成的设计项目投入企业运营，加强院校与企业的合作。

5.3.3　大同黄花文化旅游发展策略

大同黄花文化旅游发展以弘扬黄花文化为目的，在设计相关策略时应注重保护生态资源，突出黄花主题文化，以形成规模效益，丰富体验感受，实现生态、经济、文化、社会协调并可持续发展。

黄花文化旅游利用黄花的美学价值、营养价值、文学艺术和民俗文化价值，吸引旅游者进行休闲观光与文化体验。它以黄花生产和产品为基础，以黄花景观环境为条件，以丰富的黄花文化内涵和民俗活动为内容，将黄花与游客观光体验有机结合起来，满足游客求知、求新、求美、求乐的文化需求。可从打造黄花文化特色小镇、丰富黄花文化旅游主题、丰富黄花文化旅游活动内容、创新黄花文化旅游产品和加强黄花文化旅游营销等几个方面促进黄花文化旅游发展。

（1）打造黄花文化特色小镇

黄花文化特色小镇要结合黄花和当地乡土资源，在保护原有乡村生态环境的基础上进行开发，要在现有田园综合体基础上进行整合，优化资源配置和布局，突出场地的美学特色，提升综合效益。合理规划小镇的空间布局，设置黄花博物馆、黄花采摘园、黄花加工体验坊、黄花花海等特色景点，将黄花生产加工与旅游观光、科普体验项目结合到一起。规划要长远且具有可行性，在黄花文化景点建设、景观小品及配套服务设施方面都应突出黄花文化主题，提高黄花文化辨识度。如可设计黄花形小脚印游客步道、黄花卡通形象指示牌等，激发游客游览兴趣；餐饮方面除开发黄花饮食产品外，就餐环境及餐具等设计都应体现黄花文化的气息；住宿方面可将黄花文化与当地特色民居结合起来，室内装潢、家具、灯具、装饰品等设计都应体现出黄花文化的韵味。

（2）丰富黄花文化旅游主题

主题是文化旅游的精神内核，所有的活动安排都要围绕主题来展开。根据黄花文化的特征，可设计多种旅游主题，如"黄花美食"，举办黄花美食研发大赛，推出一批特色宴会、菜肴；"黄花花艺比拼"，举行插花评选等活动，充分展示黄花的观赏价值；"黄花文化体验"，通过介绍、品鉴、采摘体验等方式让游客了解黄花文化；"黄花文化亲子游"，开展农耕体验、野外探险、趣味比赛等亲子活动项目。此外，还可以设计黄花文化溯源游、黄花文化保健休闲游、黄花田园生态游等系列路线。这些主题的设立，使游客在旅途中逐步理解大同黄花文化内涵，有助于树立良好的品牌形象，提高参与性与趣味性。

（3）丰富黄花文化旅游活动内容

旅游活动是主体内容，有利于提高旅游活动组织效率，扩大旅游地的影响力。将"大同黄花文化旅游月""大同黄花丰收活动月"等节庆活动做大做强，进一步提高知名度，扩大影响力。可以举办"中国黄花文化旅游节"，邀请全国各地的新闻媒体和书画摄影艺术家及普通游客，到大同旅游采风，品黄花、采黄花，赏黄花、拍黄花，鼓励文学艺术家以黄花为主题进行文学创作。

（4）创新黄花文化旅游产品

富有特色的黄花文化旅游产品是旅游地无声的宣传片，旅游产品的销售收入也是旅游业收入的重要组成部分。因此，为了满足游客"吃"与"购"的需求及"求新""求乐"的消

费需求，应大力开发具有特色的黄花文化旅游产品，延伸黄花
文化产业链条。可制作各种花语礼品或纪念品，如将黄花纹样
与女性服饰结合，赋予服饰感恩母亲这一文化内涵，设计感恩
母亲系列的纪念品。在养生产品的开发上，应注重黄花的营养
价值，通过科技手段对黄花进行深加工。在美容产品的开发
上，应注重黄花提取物的美容养颜价值，通过独特的加工方
式，开发出黄花系列美容产品。在黄花文学艺术作品方面，应
注重黄花的文学艺术价值，并传播有关黄花的知识，通过创作
以黄花文化为背景的文学、书画和影视作品，向游客充分展示
内涵丰富的黄花文化，从而对其进行保护和传承，也可将黄花
历史、文化及其当代发展制作成书籍或影像制品。

（5）加强黄花文化旅游营销

依托黄花的文化内涵和自然景观，大同农旅融合的格局
初步形成。以唐家堡村、坊城新村等为代表的乡村充分挖掘黄
花旅游资源的潜质，以忘忧大道为主线，串联忘忧农场、火山
天路、芍药花海、桑干河湿地公园等沿线精品旅游景点，开发
农文旅融合大景区，开展黄花观光、农事采摘体验、火山观
光、低空旅游、教育研学、休闲度假、户外探险、生态康养等
活动。为强化"忘忧田园、山水云州"品牌，可充分利用各种
传播渠道，对黄花文化旅游进行大力宣传，发挥网络和传统媒
体的优势，如开通微信公众号和微博，定期推送黄花文化旅游
的文章和照片。可与旅游公司进行长期合作，扩大市场范围，

也可以与广播、电视、报刊合作设立专栏，定期展示黄花文化旅游的特色、推荐旅游线路以及宣传黄花文化旅游节活动。在黄花文化旅游节期间，可以邀请相关新闻媒体参加，对黄花文化旅游进行广泛宣传；举办乡村风光摄影比赛和摄影展，吸引爱好摄影的人前来参加，并将照片上传旅游网，展示黄花文化旅游的魅力，提高黄花文化旅游节的影响力。

5.4　大同黄花文化发展的建议

大同黄花文化在发展过程中取得了一定成绩，为中国特色社会主义文化体系建设做出了一定的贡献。本书对黄花文化进一步的发展提出以下几点建议。

（1）进一步挖掘大同黄花文化历史底蕴，加强体系建设

大同黄花文化拥有悠久的历史，在民间有许多流传颇广、影响颇深的典故，但文化现状调查显示其体系性要加强。建议各基层单位要更充分全面地对大同黄花文化历史进行梳理、总结、归纳。同时，加强对大同黄花文化历史的宣传，通过群众喜闻乐见的各种传播形式，如短视频平台、微信公众号等新媒体进行宣传；举办大同萱草历史文化相关论坛，通过新闻报道等方式进行推介，以推动大同黄花文化的广泛传播。

（2）进一步加强大同黄花文化教育属性，深度拓展教育产品

与教育属性紧密结合将是大同黄花文化能够长期向好、持续发展的重要因素。教育能够使黄花文化为各年龄段人群所

接受和认可，而这也能反过来促进黄花文化的改进和优化，以更适应未来社会发展的需求。为提高大同黄花文化的教育属性，大同市各相关部门应紧密配合，以黄花的文化特色、审美特征为切入点，不断深度开发与大同黄花文化有关的教育产品，并将其体系化。例如，举办黄花文化园亲子游、黄花故事会及亲子共植、共采、共享黄花等一系列活动，以增强大同黄花文化的教育属性。

（3）进一步提高大同黄花文化事业的公众参与度，调动普通民众的积极性

人民群众是社会物质财富的创造者，也是社会精神财富的创造者。只有扎根于人民群众，大同黄花文化才有活力，才有生命力。黄花文化由人民创造，但是在其发展的过程中，因文化活动形式自身的局限性，逐渐脱离人民群众，导致文化没有了发展的动力，失去了参与的主体。大同市黄花文化的挖掘应深入人民群众，举办一批高质量、高水准、接地气的黄花文化相关活动。例如，"答黄花历史，得黄花产品""知大同黄花，品大同黄花"等活动，充分调动人民群众的积极性，使黄花文化深深扎根于人民群众心中，真正做到人民共享黄花文化成果。

（4）建立大同黄花文化发展管理标准，增强政策针对性

大同市政府高度重视大同黄花产业融合协调发展，不断

增强政策导向性，使大同黄花产业和文化继续向着更优产品、更好效益、更高水平发展。同时，为解决大同黄花文化出现的管理问题，应加大监管力度，形成统一的管理标准，完善管理体系，划清权责，实现高效有序的管理。

（5）基于大同黄花文化品牌原创性，进一步凸显特色

发挥大同黄花文化的品牌作用，打造独具特色的标志性品牌形象。代表品牌风格及文化的标志性元素经过长时间的使用，保证了品牌形象的稳定性，从而使品牌文化在产品的使用中得到传承与发扬。标志性的设计元素不仅能让消费者记住品牌，还能直观地向消费者传递品牌文化。譬如高仕花漾系列钢笔中的一款，设计师选择将萱草作为主要设计元素，正是因为萱草所蕴藏的文化内涵与其设计理念相切合。设计师以一种极具文化内涵和审美意蕴的艺术形式将萱草图案呈现在钢笔的设计上，满足了人们对文化、情感的渴求。

黄花本身形态优美，符合大众审美需求，其在文化沿革中体现的人格化特征非常适合借物寓意、以物传情，各类旅游、文创产品的开发大有可为。大同黄花文化应从品牌文化方向入手，借鉴国际成功文化品牌的设计理念，学习如何化繁为简，让黄花元素与消费者产生情感共鸣，并最终推动中国文化不断走向世界，将本土品牌推向国际舞台。

参考文献

［1］大同市地方志研究室 . 文大同 [EB/OL]. https://www.dt.gov.cn/dtszf/sqgllssy/202210/b91903c1af554efd9a88c3aa375280d0.shtml, 2023–07–13.

［2］大同文艺 . 大同市文联乡村振兴、文化扶贫大同土林写生纪实 [EB/OL]. https://www.meipian.cn/32enl3a8, 2020–07–26.

［3］李玉萍 . 大荔黄花菜的传说 [EB/OL]. https://www.sohu.com/a/319206227_120043980, 2019–06–08.

［4］山西省文化和旅游厅 . 云州去看"致富花"——文艺作品 集 [EB/OL]. https://www.thepaper.cn/newsDetail_forward_8782818，2020–08–17.

［5］付梅 . 论古代文学中的萱草意象 [J]. 阅江学刊，2012，4（01）：142–148.

［6］刘志远 . 大同县志（1996—2013）[M]. 北京：线装书局 , 2018.

［7］山西大同大学文学院 . 黄花诗词集 [M]. 北京：中国市场出版社，2021.

［8］石文倩，陈明，朱世桂. 古代萱草应用价值及其文化意蕴探讨 [J]. 农业考古，2019（01）：134-140.

［9］张志国，金红. 中华母亲花：萱草 [M]. 北京：中国林业出版社，2021.

［10］周武忠. 中国花文化史 [M]. 深圳：海天出版社，2015.

后　记

　　大同市云州区为我国黄花菜的主要产区之一，在黄花种植、生产、应用的历史过程中逐渐形成了丰富的黄花文化。黄花所承载的农耕文明、民间艺术、民俗传统等，与新时代的饮食文化、城市风貌、旅游休闲、艺术创作等相互交融，并在新媒体语境下呈现出鲜活多彩的面貌，强有力地带动了乡村振兴和文化软实力的提升。如今，我们应重新审视黄花文化的价值，探讨如何进一步发展黄花文化。

　　本书依托"大同市黄花文化发展规划"等研究成果，主要围绕大同黄花文化的内涵、创新特色、现状评估和发展对策展开，旨在探究黄花文化可持续发展的路径，也期待为其他地区物产文化、花卉文化的当代传承创新提供佳例。

　　本书尝试着梳理了大同黄花与民间艺术、农耕文化、乡土特产、趣闻逸事的融合关系，较为系统地阐述了大同黄花文化的历史沿革，挖掘其文化价值并探究其文化意蕴和审美特征。在总结当代大同黄花文化元素创新和实践基础上，梳理了文化传播体系，并从艺术、感知、政策、组织四个层面评估大同黄花文化现状，全面分析了大同黄花文化发展的机遇与优势，进一步提出大同黄花文化发展策略与建议。

从 2020 年下半年启动调研到最后定稿，至今已近 4 年，团队为此付出了艰辛的努力，这里要感谢所有参与编写的成员。感谢大同市农业农村局对本研究的支持；感谢研究生田艺文、唐惠玲、秦秉铎、潘虓宸、李景瑶的辛勤工作，共同奋斗的日子我万分珍惜。

由于能力有限，书中难免有不足之处，敬请各位专家和读者批评指正。

邹维娜

2024 年 4 月　于上海谐芳园